高等学校规划教材·材料科学与工程

无机材料科学与工程基础实验

陈　杰　编

西北工業大學出版社

【内容简介】 本书选编了高等学校无机非金属材料专业基础课——无机材料科学基础和无机材料工程基础——两门课程的30个实验，内容涉及晶体结构及缺陷、材料的表界面、无机材料热力学、相平衡、高温过程动力学以及流体力学、传热、传质、干燥和燃料燃烧等方面的基础实验。本书强调理论与实践的结合，同时具备可操作性，是一本具有一定实用价值的教材。

本书可作高等学校无机非金属材料工程、材料科学与工程、硅酸盐工程、玻璃、水泥、陶瓷、建筑材料、耐火材料、混凝土制品等专业或相关专业学生的教材或教学参考书，也可供从事无机非金属材料研究和生产的科研工作者及工程技术人员参考。

图书在版编目(CIP)数据

无机材料科学与工程基础实验/陈杰编．—西安：西北工业大学出版社，2010.9(2023.8重印)
ISBN 978-7-5612-2912-5

Ⅰ.①无… Ⅱ.①陈… Ⅲ.①无机材料—材料科学—实验—高等学校—教材 Ⅳ.①TB321-33

中国版本图书馆CIP数据核字(2010)第191478号

出版发行：西北工业大学出版社
通信地址：西安市友谊西路127号　邮编：710072
电　　话：(029)88493844　88491757
网　　址：www.nwpup.com
印 刷 者：西安真色彩设计印务有限公司
开　　本：787 mm×1 092 mm　1/16
印　　张：9.125
字　　数：218千字
版　　次：2010年9月第1版　2023年8月第2次印刷
定　　价：32.00元

前　　言

无机材料科学与工程基础实验是研究无机非金属材料领域内的各种材料及其制品的基础共性规律，研究无机非金属材料的组成、结构、性能及其加工的一门实验科学，在材料的研究和生产实践中起着重要的作用。实验教学是无机非金属材料专业最重要的教学环节之一。

本书紧扣理论教学，系统地介绍了无机材料科学基础与无机材料工程基础领域相关的基础理论实验，着重介绍了实验设计原理、实验研究方法、实验数据处理等，主要包括晶体结构及缺陷、材料的润湿实验、高温熔体性质、黏土水系统的流动性和稳定性实验、无机材料热力学及相图测定、相变实验、固相反应动力学实验、烧结动力学实验以及流体力学、传热、传质、干燥以及燃料燃烧等实验，并系统介绍了测量误差与数据处理的相关理论与方法。为方便读者查阅有关无机材料科学与工程基础的常用参数，本书在附录列出了一些材料基础数据，以供参考。为培养学生分析和解决实际问题的能力，在每个实验后均附有思考题。

在本书的编写过程中，编者查阅并参考了大量的文献资料，注意吸收国内外本学科专业的最新成果和国内有关的新标准、新规范的内容，听取相关教学一线教师意见，注重基础理论与实践的结合、实验能力和素质的培养与训练，能够满足学生对无机材料科学与工程基础的全面系统的掌握与理解，有效地培养学生的创新能力和动手能力，为学生的进一步的专业课学习与实践打下良好、扎实的基础。

本书可作为无机非金属材料工程、材料科学与工程、硅酸盐工程、玻璃、水泥、陶瓷、建筑材料、耐火材料、混凝土制品等专业或相关专业学生的教材或教学参考书，也可供从事无机非金属材料研究和生产的科研工作者及工程技术人员参考。

本书由陈杰编写，邓军平、王志华对全书内容进行了审核并提出了许多宝贵意见。在本书编写过程中，得到了有关领导、老师和学生的热情支持和帮助，在此向他们表示衷心的感谢！另外还要感谢西安科技大学教材建设基金对本教材的资助！在编写过程中，编者参考了许多兄弟院校的实验教材和有关著作，在此表示感谢！

由于编写时间仓促，编者的学识和经验有限，书中难免存在纰漏与不足之处，恳请读者批评指正，以便进一步修改。

编　者

2010 年 7 月

目　录

第 1 章　实验误差与数据处理

无机材料科学与工程基础实验是研究无机非金属材料领域内的各种材料及其制品的基础共性规律，研究无机非金属材料的组成、结构、性能及其加工的一门实验科学。在实验研究工作中，一方面要拟定实验的方案，选择一定精度的仪器和适当的方法进行测量；另一方面必须将测得的数据整理归纳、科学分析，并寻求被研究体系变量间的关系规律。由于仪器和感觉器官的限制，实验测得的数据只能达到一定程度的准确性。因此，在着手实验之前了解测量所能达到的准确度，以及在实验以后合理地进行数据处理，都必须具有正确的误差概念，在此基础上通过误差分析，寻找适当的实验方法，选用最适合的仪器及量程，得出测量的有利条件，从中获得科学的结论。测量数据是否准确，数据处理方法是否科学，直接影响材料的研究与生产。因此，对测量误差与数据处理方法进行研究是十分必要的。

1.1　误 差 分 析

1.1.1　真值与平均值

真值是指某物理量客观存在的确定值。通常一个物理量的真值是不知道的，是我们努力要求测到的。严格来讲，由于测量仪器、测定方法、环境、人的观察力、测量的程序等，都不可能是完善无缺的，所以真值是无法测得的，是一个理想值。

科学实验中真值的定义：设在测量中观察的次数为无限多，则根据误差分布定律正负误差出现的概率相等，故将所有观察值加以平均，在无系统误差的情况下，可能获得极近于真值的数值。故“真值”在现实中是指观察次数无限多时，所求得的平均值（或是写入文献手册中所谓的“公认值”）。然而对工程实验而言，观察的次数都是有限的，故用有限观察次数求出的平均值，只能是近似真值，或称为最佳值。一般我们称这一最佳值为平均值。常用的平均值有下列几种：

1. 算术平均值

这种平均值最常用。凡测量值的分布服从正态分布时，用最小二乘法原理可以证明：在一组等精度的测量中，算术平均值为最佳值或最可信赖值。算术平均值的计算如下：

$$\bar{x} = \frac{x_1 + x_2 + \cdots + x_n}{n} = \frac{\sum_{i=1}^{n} x_i}{n} \tag{1.1}$$

式中：$x_1, x_2, \cdots, x_n$ —— 各次观测值；

n —— 观察的次数。

2. 均方根平均值

均方根平均值的计算如下：

$$\overline{x}_{均}=\sqrt{\frac{x_1^2+x_2^2+\cdots+x_n^2}{n}}=\sqrt{\frac{\sum_{i=1}^{n}x_i^2}{n}} \tag{1.2}$$

3. 加权平均值

对同一物理量用不同方法去测定，或对同一物理量由不同人去测定，计算平均值时，常对比较可靠的数值予以加权重平均，称为加权平均。加权平均值的计算如下：

$$\overline{w}=\frac{w_1x_1+w_2x_2+\cdots+w_nx_n}{w_1+w_2+\cdots+w_n}=\frac{\sum_{i=1}^{n}w_ix_i}{\sum_{i=1}^{n}w_i} \tag{1.3}$$

式中：$x_1,x_2,\cdots,x_n$—— 各次观测值；

$w_1,w_2,\cdots,w_n$—— 各测量值的对应权重，各观测值的权数一般凭经验确定。

4. 几何平均值

几何平均值的计算如下：

$$\overline{x}=\sqrt[n]{x_1\,x_2\,x_3\cdots\,x_n} \tag{1.4}$$

5. 对数平均值

对数平均值的计算如下：

$$\overline{x}_n=\frac{x_1-x_2}{\ln x_1-\ln x_2}=\frac{x_1-x_2}{\ln\frac{x_1}{x_2}} \tag{1.5}$$

以上介绍的各种平均值，目的是要从一组测定值中找出最接近真值的那个值。平均值的选择主要决定于一组观测值的分布类型，在无机材料实验研究中，数据分布较多的为正态分布，故通常采用算术平均值。

1.1.2 误差及其分类

在任何一种测量中，无论所用仪器多么精密、方法多么完善、实验者多么细心，不同时间所测得的结果都不一定完全相同，而有一定的误差和偏差。严格来讲，误差是指实验测量值(包括直接和间接测量值)与真值(客观存在的准确值)之差，偏差是指实验测量值与平均值之差，但习惯上通常将两者混淆而不加以区别。

根据误差的性质及其产生的原因，可将误差分为系统误差、偶然误差、过失误差 3 种。

1. 系统误差

系统误差又称恒定误差，由某些固定不变的因素引起。在相同条件下进行多次测量，其误差数值的大小和正负保持恒定，或随条件改变按一定的规律变化。

产生系统误差的原因有：仪器刻度不准，砝码未经校正；试剂不纯，质量不符合要求；周围环境的改变如外界温度、压力、湿度的变化；个人的习惯与偏向，如读取数据常偏高或偏低，记录某一信号的时间总是滞后，判定滴定终点的颜色程度各人不同等因素所引起的误差等。可以用准确度一词来表征系统误差的大小，系统误差越小，准确度越高，反之亦然。

由于系统误差是测量误差的重要组成部分，所以消除和估计系统误差对于提高测量准确度就十分重要。一般系统误差是有规律的，其产生的原因也往往是可知或找出原因后可以清除掉的。至于不能消除的系统误差，应设法确定或估计出来。

2. 偶然误差

偶然误差又称随机误差,是由某些不易控制的因素造成的。在相同条件下进行多次测量,其误差的大小、正负方向不一定,其产生原因一般不详,因而也就无法控制,主要表现在测量结果的分散性上,但完全服从统计规律,研究随机误差可以采用概率统计的方法。在误差理论中,常用精密度一词来表征偶然误差的大小。偶然误差越大,精密度越低,反之亦然。

在测量中,如果已经消除引起系统误差的一切因素,而所测数据仍在末1位或末2位数字上有差别,则为偶然误差。偶然误差的存在,主要是只注意认识影响较大的一些因素,而往往忽略其他一些小的影响因素,不是尚未发现,就是我们无法控制,而这些影响,正是造成偶然误差的原因。

3. 过失误差

过失误差又称粗大误差,即为与实际明显不符的误差,主要是由于实验人员粗心大意所致,如读错、测错、记错等都会带来过失误差。含有粗大误差的测量值称为坏值,应在整理数据时依据常用的准则加以剔除。

综上所述,可以认为系统误差和过失误差总是可以设法避免的,而偶然误差是不可避免的,因此最好的实验结果应该只含有偶然误差。

测量的质量和水平,可用误差的概念来描述,也可用准确度等概念来描述。国内外文献所用的名词术语颇不统一,精密度、正确度、精确度这几个术语的使用比较混乱。近年来趋于一致的多数意见如下:

精密度:指衡量某些物理量几次测量之间的一致性,即重复性。它可以反映偶然误差大小的影响程度。

正确度:指在规定条件下,测量中所有系统误差的综合。它可以反映系统误差大小的影响程度。

精确度(准确度):指测量结果与真值偏离的程度。它可以反映系统误差和随机误差综合大小的影响程度。

为说明它们之间的区别,往往用打靶来作比喻。如图1.1所示,图(a)的系统误差小而偶然误差大,即正确度高而精密度低;图(b)的系统误差大而偶然误差小,即正确度低而精密度高;图(c)的系统误差和偶然误差都小,表示精确度(准确度)高。当然实验测量中没有像靶心这样明确的真值,而是设法去测定这个未知的真值。

对于实验测量来说,精密度高,正确度不一定高。正确度高,精密度也不一定高。但精确度(准确度)高,必然是精密度与正确度都高。

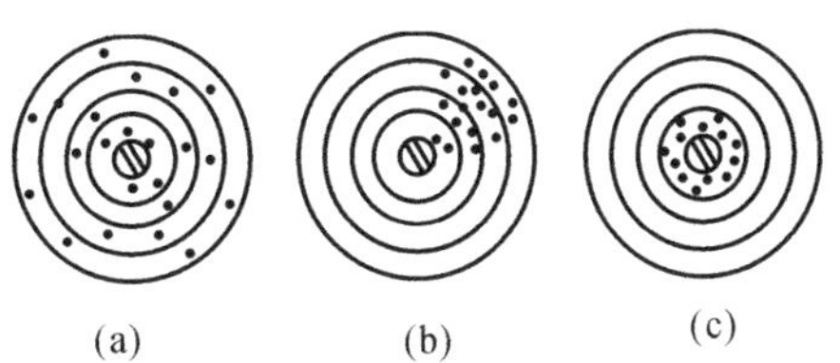

(a)　(b)　(c)

图1.1　精密度、正确度、精确度含义示意图

1.1.3　误差的表示方法

测量误差分为测量点和测量列(集合)的误差。它们有不同的表示方法。

1. 测量点的误差表示

(1) 绝对误差 D。测量集合中某次测量值与其真值之差的绝对值称为绝对误差，即

$$D=|X-x| \tag{1.6}$$

即

$$X-x=\pm D,\quad x-D\leqslant X\leqslant x+D$$

式中：X—— 真值，常用多次测量的平均值代替；

x—— 测量集合中某测量值。

(2) 相对误差 Er。绝对误差与真值之比称为相对误差，即

$$\mathrm{Er}=\frac{D}{|X|} \tag{1.7}$$

相对误差常用百分数或千分数表示。因此不同物理量的相对误差可以互相比较，相对误差与被测的量值的大小及绝对误差的数值都有关系。

(3) 引用误差。仪表量程内最大示值误差与满量程示值之比的百分值。引用误差常用来表示仪表的精度。

2. 测量列(集合)的误差表示

(1) 范围误差。范围误差是指一组测量中的最高值与最低值之差，以此作为误差变化的范围。使用中常应用误差系数的概念。范围误差的计算如下：

$$K=\frac{L}{\alpha} \tag{1.8}$$

式中：K—— 最大误差系数；

L—— 范围误差；

α—— 算术平均值。

范围误差最大缺点是 K 只取决于两极端值，而与测量次数无关。

(2) 算术平均误差。算术平均误差是表示误差的较好方法，其定义为

$$\delta=\frac{\sum d_i}{n},\quad i=1,2,\cdots,n \tag{1.9}$$

式中：n—— 观测次数；

d_i—— 测量值与平均值的偏差，$d_i=x_i-\alpha$。

算术平均误差的缺点是无法表示出各次测量间彼此符合的情况。

(3) 标准误差。标准误差也称为根误差，计算如下：

$$\sigma=\sqrt{\frac{\sum d_i^2}{n}} \tag{1.10}$$

标准误差对一组测量中的较大误差或较小误差感觉比较灵敏，成为表示精确度的较好方法。

式(1.10)适用无限次测量的场合。在实际测量中，测量次数是有限的，宜改写为

$$\sigma=\sqrt{\frac{\sum d_i^2}{n-1}} \tag{1.11}$$

标准误差不是一个具体的误差，σ 的大小只说明在一定条件下等精度测量集合所属的任一次观察值对其算术平均值的分散程度。如果 σ 的值小，说明该测量集合中相应小的误差就占优势，任一次观测值对其算术平均值的分散度就小，测量的可靠性就大。

算术平均误差和标准误差的计算式中第 i 次误差可分别代入绝对误差和相对误差，相对得到的值表示测量集合的绝对误差和相对误差。

上述的各种误差表示方法中，不论是比较各种测量的精度或是评定测量结果的质量，均以相对误差和标准误差表示为佳，而在文献中标准误差更常被采用。

3. 仪表的精确度与测量值的误差

(1) 电工仪表等一些仪表的精确度与测量误差。这些仪表的精确度常采用仪表的最大引用误差和精确度的等级来表示。仪表的最大引用误差的定义为

$$\text{最大引用误差} = \frac{\text{仪表显示值的绝对误差}}{\text{该仪表相应档次量程的绝对值}} \times 100\% \tag{1.12}$$

式中，仪表显示值的绝对误差指在规定的正常情况下，被测参数的测量值与被测参数的标准值之差的绝对值的最大值。对于多挡仪表，不同挡显示值的绝对误差和量程范围均不相同。

式(1.12) 表明，若仪表显示值的绝对误差相同，则量程范围愈大，最大引用误差愈小。

我国电工仪表的精确度等级有 7 种：0.1，0.2，0.5，1.0，1.5，2.5，5.0。如某仪表的精确度等级为 2.5 级，则说明此仪表的最大引用误差为 2.5%。

在使用仪表时，如何估算某一次测量值的绝对误差和相对误差呢？

设仪表的精确度等级 P 级，其最大引用误差为 10%。设仪表的测量范围为 x_n，仪表的示值为 x_i，则由式(1.12) 得该示值的误差为

$$\left.\begin{aligned} &\text{绝对误差 } D \leqslant x_n \times P\% \\ &\text{相对误差 } E = \frac{D}{x_i} \leqslant \frac{x_n}{x_i} \times P\% \end{aligned}\right\} \tag{1.13}$$

式(1.13) 表明：

若仪表的精确度等级 P 和测量范围 x_n 已固定，则测量的示值 x_i 愈大，测量的相对误差愈小。

选用仪表时，不能盲目地追求仪表的精确度等级。因为测量的相对误差还与 $\frac{x_n}{x_i}$ 有关，应该兼顾仪表的精确度等级和 $\frac{x_n}{x_i}$ 两者。

(2) 天平类仪器的精确度和测量误差。这些仪器的精度用以下公式来表示：

$$\text{仪器的精密度} = \frac{\text{名义分度值}}{\text{量程的范围}} \tag{1.14}$$

式中，名义分度值指测量时读数有把握正确的最小分度单位，即每个最小分度所代表的数值。例如 TG—3284 型天平，其名义分度值(感量) 为 0.1 mg，测量范围为 0 ～ 200 g，则其

$$\text{精确度} = \frac{0.1}{(200-0) \times 10^3} = 5 \times 10^{-7}$$

若仪器的精确度已知，也可用式(1.14) 求得其名义分度值。

使用这些仪器时，测量的误差可用下式来确定：

$$\left.\begin{aligned} &\text{绝对误差} \leqslant \text{名义分度值} \\ &\text{相对误差} \leqslant \frac{\text{名义度值}}{\text{测量值}} \end{aligned}\right\} \tag{1.15}$$

(3) 测量值的实际误差。由仪表的精确度用上述方法所确定的测量误差，一般总是比测

量值的实际误差小得多。这是因为仪器没有调整到理想状态，如不垂直、不水平、零位没有调整好等，会引起误差；仪表的实际工作条件不符合规定的正常工作条件，会引起附加误差；仪器经过长期使用后，零件发生磨损，装配状况发生变化等，也会引起误差；可能存在有操作者的习惯和偏向所引起的误差；仪表所感受的信号实际上可能并不等于待测的信号；仪表电路可能会受到干扰等。

总而言之，测量值实际误差大小的影响因素是很多的。为了获得较准确的测量结果，需要有较好的仪器，也需要有科学的态度和方法以及扎实的理论知识和实践经验。

1.1.4 “过失”误差的舍弃

这里加引号的“过失”误差与前面提到真正的过失误差是不同的。在稳定过程，不受任何人为因素影响，测量出少量过大或过小的数值，随意地舍弃这些“坏值”，以获得实验结果的一致，这是一种错误的做法，“坏值”的舍弃要有理论依据。

如何判断是否属于异常值？最简单的方法是以 3 倍标准误差为依据。

从概率理论可知，大于 3σ（均方根误差）的误差所出现的概率只有 0.3%，故通常把这一数值称为极限误差，即

$$\delta_{极限}=3\sigma \tag{1.16}$$

如果个别测量的误差超过 3σ，那么就可以认为属于过失误差而将舍弃。重要的是如何从有限的几次观察值中舍弃可疑值的问题，因为测量次数少，概率理论已不适用，而个别失常测量值对算术平均值影响很大。

有一种简单的判断法，即略去可疑观测值后，计算其余各观测值的平均值 α 及平均误差 δ，然后算出可疑观测值 x_i 与平均值 α 的偏差 d。如果 $d\geqslant 4\delta$，则此可疑值可以舍弃，因为这种观测值存在的概率大约只有 1/1 000。

1.1.5 间接测量中的误差传递

在许多实验和研究中，所得到的结果有时不是用仪器直接测量得到的，而是要把实验现场直接测量值代入一定的理论关系式中，通过计算才能求得所需要的结果，即间接测量值。如雷诺数 $Re=\dfrac{du\rho}{\mu}$ 就是间接测量值，由于直接测量值有误差，因而使间接测量值也必然有误差。怎样由直接测量值的误差计算间接测量值的误差呢？这就是误差的传递问题。

误差的传递公式：从数学中知道，当间接测量值（y）与直接值测量值（$x_1,x_2,\cdots,x_n$）有函数关系时，即

$$y=f(x_1,x_2,\cdots,x_n)$$

则其微分式为

$$\mathrm{d}y=\frac{\partial y}{\partial x_1}\mathrm{d}x_1+\frac{\partial y}{\partial x_2}\mathrm{d}x_2+\cdots+\frac{\partial y}{\partial x_n}\mathrm{d}x_n \tag{1.17}$$

$$\frac{\mathrm{d}y}{y}=\frac{1}{f(x_1,x_2,\cdots,x_n)}\left[\frac{\partial y}{\partial x_1}\mathrm{d}x_1+\frac{\partial y}{\partial x_2}\mathrm{d}x_2+\cdots+\frac{\partial y}{\partial x_n}\mathrm{d}x_n\right] \tag{1.18}$$

根据式(1.17)和式(1.18)，当直接测量值的误差（$\Delta x_1,\Delta x_2,\cdots,\Delta x_n$）很小，并且考虑到最不利的情况时，应是误差累积和取绝对值，则可求间接测量值的误差 Δy 或 $\Delta y/y$ 为

$$\Delta y=\left|\frac{\partial y}{\partial x_1}\right|\ |\Delta x_1|+\left|\frac{\partial y}{\partial x_2}\right|\ |\Delta x_2|+\cdots+\left|\frac{\partial y}{\partial x_n}\right|\ |\Delta x_n| \tag{1.19}$$

$$\mathrm{Er}=\frac{\Delta y}{y}=\frac{1}{f(x_1,x_2,\cdots,x_n)}\left[\left|\frac{\partial y}{\partial x_1}\right|\ |\Delta x_1|+\left|\frac{\partial y}{\partial x_2}\right|\ |\Delta x_2|+\cdots+\left|\frac{\partial y}{\partial x_n}\right|\ |\Delta x_n|\right] \tag{1.20}$$

式(1.19)、式(1.20) 就是由直接测量误差计算间接测量误差的误差传递公式。对于标准差的传递则有

$$\sigma_y=\sqrt{\left(\frac{\partial y}{\partial x_1}\right)^2\sigma_{x_1}^2+\left(\frac{\partial y}{\partial x_2}\right)^2\sigma_{x_2}^2+\cdots+\left(\frac{\partial y}{\partial x_n}\right)\sigma_{x_n}^2} \tag{1.21}$$

式中：$\sigma_{x_1},\sigma_{x_2},\cdots,\sigma_{x_n}$—— 直接测量的标准误差；

σ_y—— 间接测量值的标准误差。

式(1.21) 在有关资料中称为“几何合成”或“极限相对误差”。现将计算函数的误差的各种关系式列于表 1.1 中。

表 1.1　函数式的误差关系表

数学式	误差传递公式	
	最大绝对误差	最大相对误差 Er(y)
$y=x_1+x_2+\cdots+x_n$	$\Delta y=\pm(\|\Delta x_1\|+\|\Delta x_2\|+\cdots+\|\Delta x_n\|)$	$\mathrm{Er}(y)=\dfrac{\Delta y}{y}$
$y=x_1+x_2$	$\Delta y=\pm(\|\Delta x_1\|+\|\Delta x_2\|)$	$\mathrm{Er}(y)=\dfrac{\Delta y}{y}$
$y=x_1x_2$	$\Delta y=\Delta(x_1x_2)=\pm(\|x_1\Delta x_2\|+\|x_2\Delta x_1\|)$ 或 $\Delta y=y\mathrm{E_r}(y)$	$\mathrm{Er}(y)=\mathrm{Er}(x_1x_2)=\pm\left(\left\|\dfrac{\Delta x_1}{x_1}\right\|+\left\|\dfrac{\Delta x_2}{x_2}\right\|\right)$
$y=x_1x_2x_3$	$\Delta y=\pm(\|x_1x_2\Delta x_3\|+\|x_1x_3\Delta x_2\|+\|x_2x_3\Delta x_1\|)$ 或 $\Delta y=y\mathrm{Er}(y)$	$\mathrm{Er}(y)=\pm\left(\left\|\dfrac{\Delta x_1}{x_1}\right\|+\left\|\dfrac{\Delta x_2}{x_2}\right\|+\left\|\dfrac{\Delta x_3}{x_3}\right\|\right)$
$y=x^n$	$\Delta y=\pm\|nx^{n-1}\Delta x\|$ 或 $\Delta y=y\mathrm{E_r}(y)$	$\mathrm{Er}(y)=\pm n\left\|\dfrac{\Delta x}{x}\right\|$
$y=\sqrt[n]{x}$	$\Delta y=\pm\left\|\dfrac{1}{n}x^{\frac{1}{n}-1}\Delta x\right\|$ 或 $\Delta y=y\cdot\mathrm{Er}(y)$	$\mathrm{Er}(y)=\dfrac{\Delta y}{y}=\pm\left(\left\|\dfrac{1}{n}\ \dfrac{\Delta x}{x}\right\|\right)$
$y=\dfrac{x_1}{x_2}$	$\Delta y=y\mathrm{Er}(y)$	$\mathrm{Er}(y)=\pm\left(\left\|\dfrac{\Delta x_1}{x_1}\right\|+\left\|\dfrac{\Delta x_2}{x_2}\right\|\right)$
$y=cx$	$\Delta y=\Delta(cx)=\pm\|c\Delta x\|$ 或 $\Delta y=y\mathrm{Er}(y)$	$\mathrm{Er}(y)=\dfrac{\Delta y}{y}$ 或 $\mathrm{Er}(y)=\pm\left\|\dfrac{\Delta x}{x}\right\|$
$y=\lg x=0.434\ 29\ln x$	$\Delta y=\pm\|(0.434\ 29\ln x)'\Delta x\|=\pm\left\|\dfrac{0.434\ 29}{x}\Delta x\right\|$	$\mathrm{Er}(y)=\dfrac{\Delta y}{y}$

1.1.6 误差分析举例

误差分析除用于计算测量结果的精确度外，还可以对具体的实验设计先进行误差分析，在找到误差的主要来源及每一个因素所引起的误差大小后，对实验方案和选用仪器仪表提出有益的建议。

例 1 在阻力测定实验中，测定层流 $Re-\lambda$ 关系是在 $D6$(公称径为 6 mm)的小铜管中进行的，因内径太小，不能采用一般的游标卡尺测量，而采用体积法进行直径间接测量。截取高度为 400 mm 的管子，测量这段管子中水的容积，从而计算管子的平均内径。测量的量具用移液管，其体积刻度线相当准确，而且它的系统误差可以忽略。体积测量 3 次，分别为 11.31，11.26，11.30 mL。问体积的算术平均值 α、平均绝对误差 D、相对误差 Er 为多少？

解 算术平均值 $$\alpha=\frac{\sum x_i}{n}=\frac{11.31+11.26+11.30}{3}=11.29$$

平均绝对误差 $$\overline{D}=\frac{|11.29-11.31|+|11.29-11.26|+|11.29-11.30|}{3}=0.02$$

相对误差 $$\mathrm{Er}=\frac{\overline{D}}{a}=\frac{\pm 0.02}{11.29}\times 100\%=0.18\%$$

例 2 要测定层流状态下，公称内径为 6 mm 的管道的摩擦因数 λ(参见流体阻力实验)，希望在 $Re=200$ 时，λ 的精确度低于 4.5%，问实验装置设计是否合理？并选用合适的测量方法和测量仪器。

解 λ 的函数形式为

$$\lambda=\frac{2g\pi^2}{16}\frac{d^5(R_1-R_2)}{lV_s^2}$$

式中：R_1，R_2—— 被测量段前后的液柱读数值，mH_2O；

V_s—— 流量，m^3/s；

l —— 被测量段长度 m。

标准误差：$$\mathrm{Er}(\lambda)=\frac{\Delta\lambda}{\lambda}=\pm\sqrt{\left(5\frac{\Delta d}{d}\right)^2+\left(2\frac{\Delta V_s}{V_s}\right)^2+\left(\frac{\Delta l}{l}\right)^2+\left(\frac{\Delta R_1+\Delta R_2}{R_1-R_2}\right)^2}$$

要求 $\mathrm{Er}(\lambda)<4.5\%$，由于 $\frac{\Delta l}{l}$ 所引起的误差小于 $\frac{\mathrm{Er}(\lambda)}{10}$，故可以略去不考虑。剩下 3 项分误差，可按等效法进行分配，每项分误差和总误差的关系：

$$\mathrm{Er}(\lambda)=\sqrt{3m_i^2}=4.5\%$$

每项分误差 $$m_i=\frac{4.5}{\sqrt{3}}\%=2.6\%$$

(1) 流量项的分误差估计首先确定 V_s 值：

$$V_s=Re\frac{d\mu\pi}{4\rho}=2\ 000\times\frac{0.006\times 10^{-3}\times\pi}{4\times 1\ 000}=9.4\times 10^{-6}\,m^3/s=9.4\,mL/s$$

这么小的流量可以采用 500 mL 的量筒测其流量，量筒系统误差很小，可以忽略，读数误差为 ±5 mL，计时用的秒表系统误差也可忽略，开停秒表的随机误差估计为 ±0.1 s，当 $Re=200$ 时，每次测量水量约为 450 mL，需时间 48 s 左右。流量测量最大误差为

$$\frac{\Delta V_s}{V_s}=\pm\left(\frac{\Delta V}{V}+\frac{\Delta\tau}{\tau}\right)=\pm(\frac{5}{450}+\frac{0.1}{48})=0.011$$

式中具体数字说明$\frac{\Delta V}{V}$误差较大，$\frac{\Delta\tau}{\tau}$可以忽略。因此流量项的分误差为

$$m_1=2\frac{\Delta V_s}{V_s}=2\times0.011\times100\%=2.2\%$$

没有超过每项分误差范围。

(2) d 的相对误差。要求 $5\frac{\Delta d}{d}\leqslant m$，则

$$\frac{\Delta d}{d}\leqslant\frac{m}{5}$$

即

$$\frac{\Delta d}{d}\leqslant\frac{2.6\%}{5}=0.52\%$$

由例 2 知道管径 d 由体积法进行间接测量。

$$V=\frac{\pi}{4}d^2h$$

$$d=\sqrt{\frac{V}{h}\times\frac{4}{\pi}}$$

已知管高度为 400 mm，绝对误差为 ±0.5 mm

为保险起见，仍采用几何合成法计算 d 的相对误差：

$$\frac{\Delta d}{d}=\frac{1}{2}(\frac{\Delta V}{V}+\frac{\Delta h}{h})$$

由例 1 已知计算出$\frac{\Delta V}{V}$的相对误差为 0.18%。代入具体数值：

$$m_2=5\frac{\Delta d}{d}=\frac{5}{2}\left(\frac{\Delta V}{V}+\frac{\Delta h}{h}\times100\%\right)=\frac{5}{2}\left(0.18+\frac{0.5}{400}\times100\%\right)=0.8\%$$

也没有超过每项分误差范围。

(3) 压差的相对误差。单管式压差计用分度为 1 mm 的尺子测量，系统误差可以忽略，读数随机绝对误差 ΔR 为 ±0.5 mm。因此有

$$\frac{\Delta R_1+\Delta R_2}{R_1-R_2}=\frac{2\Delta R_1}{R_1-R_2}=\frac{2\times0.5}{R_1-R_2}$$

压差测量值 R_1-R_2 与两测压点间的距离 l 成正比：

$$R_1-R_2=\frac{64}{\mathrm{Re}}\frac{l}{d}\frac{u^2}{2g}=\frac{64}{2\ 000}\frac{l}{0.006}\frac{\left(\frac{9.4\times10^{-6}}{0.785\times0.006^2}\right)^2}{2g}=0.031$$

式中：u—— 平均流速，m/s。

由上式可算出 l 的变化对压差相对误差的影响(见表 1.2)。

表 1.2　相对误差表

l/mm	R_1-R_2/mm	$\frac{2\Delta R_1}{R_1-R_2}\times 100\%$
500	15	6.7%
1 000	30	3.3%
1 500	45	2.2%
2 000	60	1.6%

由表中可见，选用 $l\geqslant 1\,500$ mm 可满足要求，若实验采用 $l=1\,500$ mm 其相对误差为

$$m_3=\frac{\Delta R_1+\Delta R_2}{R_1-R_2}=\frac{2\Delta R_1}{R_1-R_2}=\frac{2\times 0.5}{0.03\times 1\,500}\times 100\%=2.2\%$$

总误差：

$$\mathrm{Er}(\lambda)=\frac{\Delta\lambda}{\lambda}=\pm\sqrt{m_1^2+m_2^2+m_3^2}=\pm\sqrt{(2.2)^2+(0.8)^2+(2.2)^2}=\pm 3.2\%$$

通过以上误差分析可知：

(1) 为实验装置中两测点间的距离 l 的选定充分提供了依据。

(2) 直径 d 的误差，因传递系数较大(等于 5)，对总误差影响较大，但所选测量 d 的方案合理，这项测量精确度高，对总误差影响反而下降了。

(3) 现有的测量 V_s 误差显得过大，其误差主要来自体积测量，因而若改用精确度更高一级的量筒，则可以提高实验结果的精确度。

1.2　实验数据的有效数字与计数法

1.2.1　有效数字

实验数据或根据直接测量值的计算结果，总是以一定位数的数字来表示。究竟取几位数才是有效的呢？是不是小数点后面的数字越多就越准确？或者运算结果保留位数越多就越准确？其实这是错误的想法。因为，第一，数据中小数点的位置不决定准确度，而与所用单位大小有关；第二，与测量仪表的精度有关，一般应记录到仪表最小刻度的十分之一位。例如，某液面计标尺的最小分度为 1 mm，则读数可以读到 0.1 mm。如液面高为 524.5 mm，即前三位是直接读出的，是准确的，最后一位是估计的，是欠准确的或可疑的，称该数据为 4 位有效数字。如液面恰好在 524 mm 刻度上，则数据应记作 524.0 mm。

1.2.2　科学计数法

在科学研究与工程实际中，为了清楚地表达有效数字或数据的精度，通常将有效数字写出并在第一位数字后加小数点，而数值的数量级由 10 的整数幂来确定，这种以 10 的整数幂来计数的方法称科学计数法。例如，0.008 8 应记作 8.8×10^{-3}，88 000(有效数字 3 位) 记作 $8.80\times$

10^4。应注意,在科学记数法中,在 10 的整数幂之前的数字应全部为有效数字。

1.2.3　有效数字的运算

(1) 加减法运算。各不同位数有效数字相加减,其和或差有效数字等于其中位数最少的一个。

(2) 乘除法计算。乘积或商的有效数字,其位数与各乘、除数中有效数字最少的相同。注意:π,e,g 等常数有效数字的位数可多可少,根据需要选取。

(3) 乘方与开方运算。乘方、开方后的有效数字与其底数相同。

(4) 对数运算。对数的有效数字的位数与其真数相同。

(5) 在 4 个数以上的平均值计算中,其平均值的有效数字的位数可比各数据中最小有效数字的位数多一位。

(6) 所有取自手册上的数据,其有效数字的位数按计算需要选取,但原始数据如有限制,则应服从原始数据。

(7) 一般在工程计算中取 3 位有效数字已足够精确,在科学研究中根据需要和仪器的可能,可以取到 4 位有效数字。

1.3　实验结果的表示方法与数据处理

实验数据处理,就是以测量为手段,以研究对象的概念、状态为基础,以数学运算为工具,推断出某量值的真值,并导出某些具有规律性结论的整个过程。因此对实验数据进行处理,可使人们清楚地观察到各变量之间的定量关系,以便进一步分析实验现象,得出规律,指导生产与设计。

数据处理的方法有三种:列表法、图示法和回归分析法。

1.3.1　列表法

将实验数据按自变量和因变量的关系,以一定的顺序列出数据表,即为列表法。列表法有许多优点,如为了不遗漏数据,原始数据记录表会给数据处理带来方便;列出数据使数据易比较;形式紧凑;同一表格内可以表示几个变量间的关系等。列表通常是整理数据的第一步,为标绘曲线图或整理成数学公式打下基础。

1. 实验数据表的分类

实验数据表一般分为两大类:原始数据记录表和整理计算数据表。以阻力实验测定层流 $Re-\lambda$ 关系为例进行说明。

原始数据记录表是根据实验的具体内容而设计的,以清楚地记录所有待测数据。该表必须在实验前完成。层流阻力实验原始数据记录表见表 1.3。

整理计算数依据表可细分为中间计算结果表(体现出实验过程主要变量的计算结果)、综合结果表(表达实验过程中得出的结论) 和误差分析表(表达实验值与参照值或理论值的误差范围) 等,实验报告中要用到几个表,应根据具体实验情况而定。层流阻力实验整理计算数据表见表 1.4,误差分析结果见表 1.5。

表 1.3　层流阻力实验原始数据记录表

实验装置编号:第____套　管径____m　管长____m　平均水温____℃　实验时间____年____月____日

序号	水的体积 V/mL	时间 t/s	压差计示值			备注
			左 /mm	右 /mm	ΔR/mm	
1						
2						
…						
n						

表 1.4　层流阻力实验整理计算数据表

序号	流量 $V/(m^3/s)$	平均流速 $u/(m/s)$	层流沿程损失值 h_f/mH_2O	$Re\times10^2$	$\lambda\times10^{-2}$	λ-Re 关系式
1						
2						
…						
n						

表 1.5　层流阻力实验误差分析结果表

层　流	$\lambda_{实验}$	$\lambda_{理论}$	相对误差 /(%)

2. 设计实验数据表应注意的事项

(1) 表格设计要力求简明扼要，一目了然，便于阅读和使用。记录、计算项目要满足实验需要，如原始数据记录表格上方要列出实验装置的几何参数以及平均水温等常数项。

(2) 表头列出物理量的名称、符号和计算单位。符号与计量单位之间用斜线“/”隔开。斜线不能重叠使用。计量单位不宜混在数字之中，造成分辨不清。

(3) 注意有效数字位数，即记录的数字应与测量仪表的准确度相匹配，不可过多或过少。

(4) 物理量的数值较大或较小时，要用科学记数法表示。以“物理量的符号 / $\times10^{\pm n}$ 计量单位”的形式记入表头。注意:表头中的 $10^{\pm n}$ 与表中的数据应服从下式：

$$物理量的实际值\times10^{\pm n}=表中数据$$

(5) 为便于引用，每一个数据表都应在表的上方写明表号和表题(表名)。表号应按出现的顺序编写并在正文中有所交代。同一个表尽量不跨页，必须跨页时，在跨页的表上须注明“续表”。

(6) 数据书写要清楚整齐。修改时宜用单线将错误的划掉，将正确的写在下面。各种实验条件及作记录者的姓名可作为“表注”，写在表的下方。

1.3.2　图示法

实验数据图示法就是将整理得到的实验数据或结果标绘成描述因变量和自变量的依从关系的曲线图。该法的优点是直观清晰，便于比较，容易看出数据中的极值点、转折点、周期性、变化率以及其他特性，准确的图形还可以在不知数学表达式的情况下进行微积分运算，因此得到广泛的应用。

实验曲线的标绘是实验数据整理的第二步，在工程实验中正确作图必须遵循如下基本原则，才能得到与实验点位置偏差最小而光滑的曲线图形。

图示法应注意的事项：

(1) 对于两个变量的系统，习惯上选横轴为自变量，纵轴为因变量。在两轴侧要标明变量名称、符号和单位，尤其是单位，初学者往往因受纯数学的影响而容易忽略。

(2) 坐标分度要适当，使变量的函数关系表现清楚。

对于直角坐标的原点不一定选为零点，应根据所标绘数据范围而定，其原点应移至比数据中最小者稍小一些的位置为宜，能使图形占满全幅坐标线为原则。

对于对数坐标，坐标轴刻度是按 1,2,…,10 的对数值大小划分的，其分度要遵循对数坐标的规律，当用坐标表示不同大小的数据时，只可将各值乘以 10^n(n 取正、负整数) 而不能任意划分。对数坐标的原点不是零。在对数坐标上，1,10,100,1 000 之间的实际距离是相同的，因为上述各数相应的对数值为 0,1,2,3，这在线性坐标上的距离相同。

(3) 实验数据的标绘。若在同一张坐标纸上同时标绘几组测量值，则各组要用不同符号(如:o,Δ,×等)以示区别。若 n 组不同函数同绘在一张坐标纸上，则在曲线上要标明函数关系名称。

(4) 图必须有图号和图题(图名)，图号应按出现的顺序编写，并在正文中有所交待。必要时还应有图注。

(5) 图线应光滑。利用曲线板等工具将各离散点连接成光滑曲线，并使曲线尽可能通过较多的实验点，或者使曲线以外的点尽可能位于曲线附近，并使曲线两侧的点数大致相等。

1.3.3　实验数据数学方程表示法

在实验研究中，除了用表格和图形描述变量间的关系外，还常常把实验数据整理成方程式，以描述过程或现象的自变量和因变量之间的关系，即建立过程的数学模型。其方法是将实验数据绘制成曲线，与已知的函数关系式的典型曲线(线性方程、幂函数方程、指数函数方程、抛物线函数方程、双曲线函数方程等) 进行对照选择，然后用图解法或者数值方法确定函数式中的各种常数。所得函数表达式是否能准确地反映实验数据所存在的关系，应通过检验加以确认。运用计算机软件 Origin 将实验数据结果回归为数学方程已成为实验数据处理的主要手段。

1. 数学方程式的选择

数学方程式选择的原则是既要求形式简单，所含常数较少，同时也希望能准确地表达实验数据之间的关系。但要满足两者条件往往难以做到，通常是在保证必要的准确度的前提下，尽可能选择简单的线性关系或者经过适当方法转换成线性关系的形式，使数据处理工作得到简单化。

数学方程式选择的方法是：将实验数据标绘在普通坐标纸上，得到一条直线或曲线。如果是直线，则根据初等数学可知，$y=a+bx$，其中 a，b 值可由直线的截距和斜率求得。如果不是直线，也就是说，y 和 x 不是线性关系，则可将实验曲线和典型的函数曲线相对照，选择与实验曲线相似的典型曲线函数，然后用直线化方法处理，最后以所选函数与实验数据的符合程度加以检验。

2. 图解法求公式中的常数

在公式选定后，可用图解法求方程式中的常数。

3. 实验数据的回归分析法

尽管图解法有很多优点，但它的应用范围毕竟很有限。回归分析法这种数学方法可以从大量观测的散点数据中寻找到能反映事物内部的一些统计规律，并可以用数学模型形式表达出来。回归分析法与计算机相结合，已成为确定经验公式最有效的手段之一。

回归也称拟合。对具有相关关系的两个变量，若用一条直线描述，则称一元线性回归，用一条曲线描述，则称一元非线性回归。对具有相关关系的三个变量，其中一个因变量、两个自变量，若用平面描述，则称二元线性回归，用曲面描述，则称二元非线性回归。依次类推，可以延伸到 n 维空间进行回归，则称多元线性回归或多元非线性回归。处理实验问题时，往往将非线性问题转化为线性来处理。建立线性回归方程的最有效方法为线性最小二乘法。

实验数据变量之间的关系具有不确定性，一个变量的每一个值对应的是整个集合值。当 x 改变时，y 的分布也以一定的方式改变。在这种情况下，变量 x 和 y 间的关系就称为相关关系。

在以上求回归方程的计算过程中，并不需要事先假定两个变量之间一定有某种相关关系。就方法本身而论，即使平面图上是一群完全杂乱无章的离散点，也能用最小二乘法给其配一条直线来表示 x 和 y 之间的关系。但显然这是毫无意义的。实际上只有两变量是线性关系时进行线性回归才有意义。因此，必须对回归效果进行检验。

实验数据处理中，也可采用数据处理软件 Origin 进行数据处理、拟合方程及回归效果检验。

1.4 实验要求及注意事项

无机材料科学与工程基础实验包括实验预习，实验操作，测定、记录和数据处理，实验报告编写四个主要环节，各个环节的具体要求如下：

1.4.1 实验预习

要满足达到实验目的中所提出的要求，仅靠实验原理部分是不够的，必须做到以下几点：

(1) 认真阅读实验指导书，复习课程教材以及参考书的有关内容，弄清实验的目的和要求。

(2) 根据实验的具体任务，研究实验的做法及其理论根据，分析应该测取哪些数据，并估计实验数据的变化规律。

(3) 到实验室现场熟悉设备装置的结构和流程。

(4) 明确操作程序与所要测定参数的项目，了解相关仪表的类型和使用方法以及参数的调整、实验测试点的分配等。

(5) 拟定实验方案，决定先做什么，后做什么，弄清操作条件、设备的启动程序以及如何调整。

1.4.2　实验操作

一般以 2 ～ 4 人为一小组合作进行实验，实验前必须做好组织工作，做到既分工又合作，每个组员要各负其责，并且要在适当的时候进行轮换工作，这样既能保证质量，又能获得全面的训练。实验操作注意事项如下：

(1) 实验设备的启动操作，应按教材说明的程序逐项进行，设备启动前必须检查皆为正常时，才能合上电闸，使设备运转。

(2) 操作过程中设备及仪表有异常情况时，应立即停止并报告指导教师，对问题的处理应了解其全过程，这是分析问题和处理问题的极好机会。

(3) 操作过程中应随时观察仪表指示值的变动，确保操作过程在稳定条件下进行。出现不符合规律的现象时应注意观察研究，分析其原因，不要轻易放过。

(4) 实验停止前应先将有关气源、水源、电源关闭，然后切断电机电源，并将各阀门恢复至实验前所处的位置(开或关)。

1.4.3　测定、记录和数据处理

1. 确定要测定哪些数据

凡是对实验结果有关或是整理数据时必需的参数都应一一测定。原始数据记录表的设计应在实验前完成。原始数据应包括工作介质性质、操作条件、设备几何尺寸及大气条件等。并不是所有数据都要直接测定，凡是可以根据某一参数推导出或根据某一参数由手册查出的数据，就不必直接测定。例如，水的黏度、密度等物理性质，一般只要测出水温后即可查出，因此不必直接测定水的黏度、密度，而应该改测水的温度。

2. 读数与记录

(1) 事先必须拟好记录表格，只负责记某一项数据的，也要列出完整的记录表格，在表格中应记下各项物理量的名称、表示符号及单位。每个学生都应有一个实验记录本，不应随便拿一张纸记录，要保证数据完整、条理清楚，避免张冠李戴的错误。

(2) 待设备各部分运转正常，操作稳定后才能读取数据，如何判断是否已达到稳定？一般是经两次测定其读数应相同或十分相近，即可判断操作稳定。在变更操作条件后各项参数达到稳定需要一定的时间，因此也要待其稳定后方可读数，否则易造成实验结果无规律甚至反常。

(3) 同一操作条件下，不同数据最好是数人同时读取，若操作者同时兼读几个数据时，应尽可能动作敏捷。

(4) 每次读数都应与其他有关数据及前一点数据对照，看看相互关系是否合理，如不合理应查找原因，是现象反常还是读错了数据，并要在记录上注明。

(5) 所记录的数据应是直接读取的原始数值，不要经过运算后记录。例如，秒表读数 1 分 23 秒，应记为 1′23″，不要记为 83″。

(6) 读取数据必须充分利用仪表的精度，读至仪表最小分度的下一位数，这个数应为估计

值。如水银温度计最小分度为0.1℃,若水银柱恰指22.4℃时,应记为22.40℃。注意过多取估计值的位数是毫无意义的。

遇到有些参数在读数过程中波动较大,首先要设法减小其波动。在波动不能完全消除的情况下,可取波动的最高点与最低点两个数据,然后取平均值,当波动不是很大时可取一次波动的高低点之间的中间值作为估计值。

(7) 不要凭主观臆测修改记录数据,也不要随意舍弃数据,对可疑数据,除有明显原因如读错、误记等情况使数据不正常可以舍弃之外,一般应在数据处理时检查处理。

(8) 记录完毕要仔细检查一遍,有无漏记或记错之处,特别要注意仪表上的计量单位。实验完毕,须将原始数据记录表格交指导教师检查并签字,认为准确无误后方可结束实验。

3. 实验过程注意事项

(1) 进行操作者,必须密切注意仪表指示值的变动,随时调节,务必使整个操作过程都在规定条件下进行,尽量减小实验操作条件和规定操作条件之间的差距。操作人员不要擅离岗位。

(2) 读取数据后,应立即与前次数据相比较,也要与其他有关数据相对照,分析相互关系是否合理。如果发现不合理的情况,应立即与小组成员查找原因,明确是自己的知识错误,还是测定的数据有问题,以便及时发现问题,解决问题。

(3) 实验过程中,还应注意观察过程现象,特别是发现某些不正常现象时更应抓紧时机,研究产生不正常现象的原因。

4. 数据的整理及处理

(1) 原始记录只可进行整理,绝不可以随便修改。经判断确实为过失误差造成的不正确数据须注明后可以剔除不计入结果。

(2) 采用列表法整理数据清晰明了,便于比较,一张正式实验报告一般要有4种表格:原始数据记录表、中间运算表、综合结果表和结果误差分析表。中间运算表之后应附有计算示例,以说明各项之间的关系。

(3) 运算中尽可能利用常数归纳法,以避免重复计算,减少计算错误。例如,流体阻力实验,计算 Re 和 λ 值,可按以下方法进行。

例如:Re 的计算如下:

$$Re = \frac{du\rho}{\mu}$$

式中:d,μ,ρ 在水温不变或变化甚小时可视为常数,合并为 $A = \frac{d\rho}{\mu}$,故有

$$Re = Au$$

A 的值确定后,改变 u 值可算出 Re 值。

(4) 实验结果及结论用列表法、图示法或回归分析法来说明都可以,但均须标明实验条件。

1.4.4 编写实验报告

实验报告是实验工作的全面总结和系统概括,是实践环节中不可缺少的一个重要组成部分。

本课程实验报告的内容应包括以下几项：

(1) 实验名称，报告人姓名、班级及同组实验人姓名，实验地点，指导教师，实验日期，上述内容作为实验报告的封面。

(2) 实验目的和内容。简明扼要地说明为什么要进行本实验，实验要解决什么问题。

(3) 实验的理论依据(实验原理)。简要说明实验所依据的基本原理，包括实验涉及的主要概念，实验依据的重要定律、公式及据此推算的重要结果，要求准确、充分。

(4) 实验装置流程示意图。简单地画出实验装置流程示意图和测试点、控制点的具体位置及主要设备、仪表的名称。标出设备、仪器仪表及调节阀等的标号，在流程图的下方写出图名及与标号相对应的设备、仪器等的名称。

(5) 实验操作要点。根据实际操作程序划分为几个步骤，并在前面加上序数词，以使条理更为清晰。对于操作过程的说明应简单、明了。

(6) 注意事项。对于容易引起设备或仪器仪表损坏、容易发生危险以及一些对实验结果影响比较大的操作，应在注意事项中注明，以引起注意。

(7) 原始数据记录。记录实验过程中从测量仪表所读取的数值。读数方法要正确，记录数据要准确，要根据仪表的精度决定实验数据的有效数字的位数。

(8) 数据处理。数据处理是实验报告的重点内容之一，要求将实验原始数据经过整理、计算、加工成表格或图的形式。表格要易于显示数据的变化规律及各参数的相关性；图要能直观地表达变量间的相互关系。

(9) 数据处理计算过程举例。以某一组原始数据为例，把各项计算过程列出，以说明数据整理表中的结果是如何得到的。

(10) 实验结果的分析与讨论。实验结果的分析与讨论是作者理论水平的具体体现，也是对实验方法和结果进行的综合分析研究，是工程实验报告的重要内容之一，主要内容包括：

1) 从理论上对实验所得结果进行分析和解释，说明其必然性；

2) 对实验中的异常现象进行分析讨论，说明影响实验的主要因素；

3) 分析误差的大小和原因，指出提高实验结果精确度的途径；

4) 将实验结果与前人和他人的结果对比，说明结果的异同，并解释这种异同；

5) 本实验结果在生产实践中的价值和意义，推广和应用效果的预测等；

6) 由实验结果提出进一步的研究方向或对实验方法及装置提出改进建议等。

(11) 实验结论。结论是根据实验结果所作出的最后判断，得出的结论要从实际出发，有理论依据。

(12) 参考文献。实验报告根据各实验要求按传统实验报告格式撰写，实验报告应按规定时间上交。

第2章 无机材料科学基础实验

无机材料科学基础是无机非金属材料科学与工程专业的一门重要基础理论课程，主要介绍无机非金属材料领域内的各种材料及其制品的基础共性规律，是研究无机非金属材料的组分、结构和性能之间相互关系和分析理论的一门应用基础科学，阐述了无机非金属材料的组成、结构和性能规律性。其主要内容包括结晶化学、高温熔体、固体表界面、浆体的胶体化学原理、热力学、相平衡、扩散、相变、固相反应以及烧结等内容。

无机材料科学基础实验的目的是使学生认识和理解晶体点阵结构和典型硅酸盐矿物的晶体结构，了解无机材料科学的研究方法、实验技术和实验结果的分析和处理等方法，使学生加深对材料科学基础基本概念和基础理论的理解，增强学生实践动手能力。通过实验基础知识的学习和实际操作，使学生掌握某些材料科学的基本现象，了解材料科学实验所用仪器的原理和操作方法，加深对无机非金属材料特点的认识。

无机材料科学基础实验共选编实验项目16个，包括结晶化学实验5个，高温熔体实验2个，材料表界面实验1个，浆体的胶体化学原理实验3个，相平衡实验2个，相变、固相反应以及烧结实验各1个。每个实验项目由实验目的、实验原理、实验装置、实验步骤、实验注意事项、实验结果及数据处理、思考题等组成。

实验2.1 空间点阵与晶胞分析

2.1.1 实验目的

(1) 通过对点阵模型和晶胞模型的观察分析，深刻理解空间点阵的概念，掌握从结构模型分析晶体结构的方法。

(2) 理解晶体对称的概念，学会分析晶体对称要素和对称操作。

(3) 掌握七大晶系的定向原则和晶体参数特点。

2.1.2 实验原理

晶体是由原子在三维空间中呈现周期排列而构成的固体。晶体物质在空间分布的这种周期性，可以用空间点阵节点分布的规律来表示。具有代表性的基本单元(最小平行六面体)作为点阵的组成单元，称为晶胞。将晶胞作三维的重复堆砌就构成了空间点阵。

晶胞的三条棱称为晶轴，晶胞的大小取决于这三条棱的长度 a,b 和 c，晶胞的形状则取决于这些棱之间的夹角 α,β 和 γ，a,b,c,α,β 和 γ 这6个参量称为点阵参数或晶格参数。根据6个点阵参数间的相互关系，可将全部空间点阵归属于7种类型，即7个晶系。按照“每个阵点的周围环境相同”的要求，布拉维(Bravais A.)用数学方法推导出能够反映空间点阵全部特征的单位平行六面体只有14种(见表2.1)，这14种空间点阵也称14种布拉维格子。布拉维格子是空间格子的基本组成单位，只要知道了格子形式和单位平行六面体参数后，就能够确定整个空间格子的一切特征。

表 2.1　晶体的分类

晶系	特征	布拉维格子	点群(国际符号)
三斜	$a \neq b \neq c$ $\alpha \neq \beta \neq \gamma \neq 90^\circ$	简单三斜	$1, \bar{1}$ 既无对称轴也无对称面
单斜	$a \neq b \neq c$ $\alpha \neq \gamma \neq 90^\circ$ $\beta \neq 90^\circ$	简单单斜 底心单斜	$2, m, 2/m$ 一个二次旋转轴，镜面对称
正交	$a \neq b \neq c$ $\alpha \neq \beta \neq \gamma \neq 90^\circ$	简单正交 底心正交 体心正交 面心正交	$222, mm2, mmm$ 三个互相垂直的二次旋转轴
三方	$a \neq b \neq c$ $\alpha = \beta = 90^\circ; \gamma = 120^\circ$	简单三方	$3, 32, 3m, \bar{3}, \bar{3}m$ 一个三次旋转轴
四方	$a = b = c$ $\alpha = \beta = \gamma = 90:$	简单四方 体心四方	$4, \bar{4}, 4/m, 422, 4mm, \bar{4}m2, 4/mmm$ 一个四次旋转轴
六方	$a \neq b \neq c$ $\alpha = \beta \neq 90^\circ; \gamma = 120^\circ$	简单六方	$6, \bar{6}, 6/m, 622, 6mm, \bar{6}m2, 6/mmm$ 一个六次旋转轴
等轴	$a = b = c$ $\alpha = \beta = \gamma 90^\circ$	简单立方 体心立方 面心立方	$23, m3, 43, \bar{4}\,3m, m3m$ 四个三次旋转轴

2.1.3　实验内容

(1) 认识和了解 14 种布拉维格子模型。

(2) 找出对称中心 C、对称面 P、对称轴 L^n 和倒转轴 Li^4 和 Li^6。

(3) 确定晶体的对称型。找出晶体的全部对称要素后，将它们依照从左到右先写对称轴(轴次由高到低)，再写对称面，最后写对称中心的顺序写下来即为其对称型。

(4) 确定各晶体所属的晶族、晶系。根据晶体对称性特点，确定所属晶族、晶系，先根据对称型中高次轴的有无和多少，确定其所属晶族，再根据对称型中对称轴的轴次和数量，确定其所属晶系。

2.1.4　实验要求

(1) 从结构模型观察分析中深刻理解结构基元、阵点、点阵型式、晶胞等概念的含义及其相互关系。

(2) 掌握如何从一个结构模型抽象出点阵，如何判断一组点为点阵的分析方法。

(3) 分析各类点阵模型的对称要素，认识其对称特点。

(4) 掌握各大晶系的定向原则和晶体参数特点。

2.1.5 主要实验模型

空间点阵模型、简单四方结构模型、简单立方结构模型、面心立方结构模型、体心立方结构模型等晶体结构模型若干套。

2.1.6 实验结果处理

在实验基础上完成表 2.2。

表 2.2 实验结果表

项目 / 晶系名称	格子类型	对称中心	对称面	对称轴	点阵参数
三斜晶系					
单斜晶系					
正交晶系					
三方晶系					
四方晶系					
六方晶系					
等轴晶系					

实验 2.2 典型离子晶体结构模型分析

2.2.1 实验目的

(1) 建立晶体结构的立体概念。

(2) 掌握晶体内部质点排列的基本方式。

(3) 通过典型离子晶体结构模型的分析，进一步深入了解离子晶体的结构特点，熟悉典型离子晶体结构与等大球堆积结构的关系，掌握离子晶体结构的分析方法。

2.2.2 实验原理

晶体是质点(离子、原子或分子) 在三维空间进行周期性排列而构成的固体，质点之间靠化学键结合在一起。由于离子键、金属键和范德华力没有方向性和饱和性的限制，因而在这些键结合而成的晶体中，质点总是尽可能地互相靠近，形成最紧密堆积，以降低势能，使晶体处于最稳定状态。这种密堆积结构，可以用等径圆球的堆积来表示。在这些做紧密堆积的球体之间，还存在许多空隙，其中一种空隙是由 4 个球围成的，将这 4 个球的中心连接起来可以构成一个四面体，因而称为四面体空隙；另一种空隙是由 6 个球围成的，将这 6 个球的中心连接起来，可以构成一个八面体，称为八面体空隙。在离子晶体结构中，阴阳离子按照一定的规律排列，由于离子键没有方向性和饱和性，所以可以将离子看成刚性球体，其中，阴离子一般较大，按照球体紧密堆积原理进行面心立方或六方（或者近似立方、六方）紧密堆积，阳离子则根据阴、阳离子半径比和极化情况，填充在一定数量和位置的八面体或四面体空隙中，每个阳离子周围与一定数量的阴离子直接相邻，形成配位多面体；配位多面体之间通过共面、共棱或共顶相连，形成三维结构。从晶体结构模型中可以非常直观地从阴离子堆积方式、阳离子占据的空隙位置、阴阳离子配位数、配位多面体配置方式、单位晶胞内的分子数等，了解认识典型无机化合物晶体结构。

NaCl 晶体结构是立方面心格子，属立方晶系 Fm3m 空间群，$a_0=0.562\ 8$ nm。阴离子按立方最紧密方式堆积，阳离子充填于全部的八面体空隙中，阴、阳离子的配位数是 6。

具有 NaCl 晶体结构的晶体有 MgO，CaO，SrO MnO，FeO，CoO。

纤锌矿（α - ZnS）的晶体结构属六方晶系 $P6_3mc$ 空间群，$a_0=0.382$ nm，$c_0=0.625$ nm，$Z=6$。在纤锌矿结构中，S^{2-} 按六方紧密堆积排列，Zn^{2+} 充填于 1/2 的四面体空隙中，阴、阳离子的配位数都是 4。

属于纤锌矿（α - ZnS）型晶体结构的晶体有 BeO，ZnO 和 AlN。

闪锌矿（β - ZnS）的晶体结构属立方晶系 $F\bar{4}3m$ 空间群，$a_0=0.540$ nm，$Z=4$。闪锌矿结构是面心立方格子，S^{2-} 位于立方面心的节点位置，Zn^{2+} 交错地分布于立方体内的 1/8 小立方体的中心，阴、阳离子的配位数都是 4。如果将 S^{2-} 看成是作立方最紧密堆积，则 Zn^{2+} 充填于 1/2 的四面体空隙中。属于闪锌矿（β - ZnS）型晶体结构的晶体有 β - SiC，GaAs，AlP 和 InSb。

萤石的晶体结构，属立方晶系 Fm3m 空间群，$a_0=0.545$nm，$Z=4$。Ca^{2+} 位于立方面心的结点位置，F^- 位于立方体内的八个小立方体的中心，Ca^{2+} 的配位数是 8，F^- 的配位数是 4。在萤石结构中可以将 Ca^{2+} 看成是作立方紧密堆积，F^- 充填于全部四面体空隙中，而全部的八面体空隙都没有被充填，因此，在结构中 8 个 F^- 离子之间就形成一个“空洞”，这些“空洞”为 F^- 离子的扩散提供了条件。属于萤石型晶体结构的晶体有 BaF_2，PbF_2，SnF_2，CeO_2，ThO_2 和 ZrO_2，还有一些晶体结构与萤石的完全相同，只是阴、阳离子的位置完全互换，如 Li_2O，Na_2O，K_2O 等。

方石英属于立方晶系 Fd3m 空间群，$a_0=0.713$ nm，$Z=8$。方石英的晶胞中 Si^{4+} 占有全部面心立方结点的位置和立方体内相当于 8 个小立方体中心的 4 个。每个 Si^{4+} 都和 4 个 O^{2-} 相连，硅氧四面体层与层之间以顶角相连。

刚玉（α - Al_2O_3）型晶体结构属三方晶系 $R3C$ 空间群，$a_0=0.514$ nm，$\alpha=55°17'$，$Z=2$。如果用六方大晶胞表示，$a_0=0.475$ nm，$c_0=1.297$ nm，$Z=6$。刚玉结构中 O^{2-} 按六方紧密堆积排列，Al^{3+} 充填于 2/3 的八面体空隙，Al^{3+} 的配位数是 6。属于刚玉型晶体结构的晶体有 α - Fe_2O_3，Cr_2O_3，Ti_2O_3，V_2O_3 等。

钙钛矿的通式是 ABO_3，其中 A 代表 1 价或 2 价阳离子，B 代表 4 价或 5 价阳离子，其典型矿物为 $CaTiO_3$。$CaTiO_3$ 在高温下属立方晶系 Pm3m 空间群，$a_0=0.385$ nm，$Z=1$。低于 600 ℃时为正交晶系 PCmm 空间群，$a_0=0.537$ nm，$b_0=0.764$ nm，$c_0=0.544$ nm，$Z=4$。$CaTiO_3$ 结构中 Ca^{2+} 占有立方面心的角顶位置，O^{2-} 处于立方面心的面心位置，所以，$CaTiO_3$

结构可以看成是由 O^{2-} 和半径较大的 Ca^{2+} 共同组成立方紧密堆积，Ti^{4+} 充填在 1/4 的八面体空隙中，Ti^{4+} 的配位数是 6，Ca^{2+} 的配位数是 12。

2.2.3 实验内容

(1)从氯化钠、萤石、闪锌矿、刚玉、钙钛矿的结构模型上分析其结构特点。

(2)标定萤石模型中所有质点的几何位置。

(3)组装一个晶体结构模型。

2.2.4 实验方法

(1)分析晶胞模型。刚玉、萤石、闪锌矿、氯化钠、钙钛矿均为一个单位晶胞，通过一个单位晶胞，分析晶胞所属空间格子类型及正负离子或原子所处的空间位置，对照模型，分析正负离子的堆积方式及填隙形式。

根据正负离子的分布，判断正离子所处的位置是四面体空隙还是八面体空隙。

(2)计算各结构中阴阳离子的配位数。

(3)组装模型。用不同颜色的球体，代表不同种的占位质点，组装成一个简单的晶体结构模型。

(4)质点位置的标定。首先，在所研究的晶胞的左后下方，设立坐标原点；然后计算晶胞中每一个占位质点的坐标(x,y,z)，标定出所有占位质点的坐标。

2.2.5 主要晶体结构模型

氯化钠、萤石、闪锌矿、刚玉、钙钛矿的结构模型若干套。

2.2.6 实验结果处理

(1)至少有一个晶体结构的分析结果。

(2)一个自己组装的晶体结构的说明及介绍或绘图。

(3)一个晶体结构模型中质点的位置标定。

(4)在实验基础上完成表 2.3。

表 2.3 实验结果表

晶体名称 项目	氯化钠 NaCl	萤石 CaF_2	闪锌矿 $\alpha-ZnS$	刚玉 $\alpha-Al_2O_3$	方石英 SiO_2	钙钛矿 $CaTiO_3$
阴离子的堆积方式						
正负离子的半径比						
正负离子的数量比						
正离子的配位数						
正离子的填隙类型						

续 表

晶体名称 / 项目	氯化钠 NaCl	萤石 CaF_2	闪锌矿 α-ZnS	刚玉 α-Al_2O_3	方石英 SiO_2	钙钛矿 $CaTiO_3$
正离子的填隙率						
负离子的配位数						
点阵形式						
晶胞中正负离子数						

2.2.7　思考题

(1)对照模型说明氯化钠、萤石、闪锌矿等晶体的格子类型。

(2)分别指出上述化合物晶体单位晶胞中的阴离子数、阳离子数以及化合物的“分子个数”。

(3)分别指出晶体结构中每种质点(离子或原子)的配位数和配位多面体类型。

(4)计算面心立方晶胞中空隙的占有率。

实验 2.3　盐类晶体结晶过程及晶体生长形态观察

2.3.1　实验目的

(1)通过人工晶体的培养和观察，了解从溶液中形成晶体的过程，掌握影响晶体生长的因素。

(2)加深对晶体生长理论的理解。

2.3.2　实验原理

盐类由液态转变为固态晶体的过程称为结晶。晶体在结晶时遵循形核与长大的规律，在实际结晶条件下，由于存在外来杂质以及容器模壁等的影响，形核一般都以非均匀形核的方式进行。

在透明盐类晶体的溶液因溶剂蒸发而引起的结晶过程中，由于临界晶核的尺寸很小，无法用肉眼观察到晶核，但在实验室中可以通过显微镜甚至放大镜、投影仪清晰地观察到正在长大的树枝晶，帮助了解树枝晶的形成过程。

在玻璃片上滴一滴饱和的氯化铵溶液，放在投影仪上就可观察到它的结晶过程。随着液体的蒸发，结晶的过程将首先从液滴的边缘处开始，逐渐向中间扩展。结晶的第一阶段是在液滴的最外层或较薄处形成一圈细小的等轴晶体，接着以这些等轴晶体为核心开始向各个方向生长成为柱状晶。那些向液滴中心生长的柱状晶由于容易得到液体的补充，因此发展较快，但向其他方向生长的柱状晶由于不能得到液体充分的补充，生长速度受到抑制，这样便形成了明显的方向性。这是结晶的第二阶段。在这一阶段中除了向液滴中心生长外，在垂直于柱状晶主轴的方向上还会长出二次、三次晶轴，形成了典型的平面柱状树枝晶。

结晶的第三阶段是在液滴的中心部位形成不同位向的等轴状树枝晶。等轴晶的形成是由于在液滴的中心溶液量已很少，蒸发较快，直接由溶液中形成了不同的核而得到的。在实际观察过程中，由于平面状的液滴流动性变差，常常在靠近液滴边缘处就已经开始形成树枝晶，当溶剂蒸发速度很快时，树枝晶快速向液滴中心发展并相互接触，形成一个个树枝晶粒的边界，结晶过程结束。

从结晶过程的观察可以发现：

(1)结晶包括晶核的形成与长大两过程，形核需要有一定的孕育期。

(2)晶体是按树枝状方式长大。开始时先形成晶体的主轴(一次晶轴)，然后在垂直于主轴的方向上生长出分枝(二次轴)，依次类推，还可在二次轴上生长出了树枝状晶体。

本实验是在不同浓度和有杂质的条件下，培养氯化铵、明矾、胆矾等晶体，观察它们的生长过程。

2.3.3　实验设备及材料

投影仪，金相显微镜，玻璃片，吸管，饱和氯化铵水溶液，饱和明矾、胆矾水溶液。

2.3.4　实验方法

1. 氯化铵结晶过程的观察

在干净的玻璃板上用吸管滴一滴饱和氯化铵水溶液，并将玻璃板放置在投影仪上，调节好投影仪反射平面镜，准确调焦至物像清晰。注意观察结晶的过程以及结晶体的形态。

2. 明矾晶体的培养和观察

(1)配制过饱和溶液。在4个100 mL烧杯中分别加入30g，30g，20g，15g明矾，其中一个30g杯中再加入5g硼砂，并分别加入100 mL开水搅拌，使明矾、硼砂全部溶解，稍为静置后过滤到另一个杯中，即可用于培养晶体。

(2)放入晶芽。用发丝或尼龙细线拴上一小块明矾(晶芽)后，系在玻璃棒上，放入培养液中。

(3)进行观察和记录。

1)晶体形态的观察：①在不同浓度溶液中，明矾晶体的形态有何不同；②有杂质(硼砂)和无杂质明矾晶体的形态有何不同。

2)记录说明生长过程中所见到的涡流现象。

3)观察对比杯底晶体和悬挂晶体的形态。

4)观察晶体的晶面、晶棱是否平直？晶体间对应晶面夹角是否相等？有无带状构造或生长锥？试以所学知识作一解释。

3. 硫酸铜(胆矾)晶体的培养

(1)配制过饱和溶液，将20g硫酸铜放入烧杯中，加50 mL开水搅拌；

(2)冷至室温后放入晶芽；

(3)观察实验结果：观察内容与明矾实验相同。

2.3.5　实验结果处理

描述所观察到的结晶过程，并绘出结晶示意图。

2.3.6　思考题

(1)根据实验,简述晶体成长过程并总结结晶规律。

(2)试以所学知识对所观察现象进行解释。

实验 2.4　硅酸盐晶体结构分析

2.4.1　实验目的

(1)掌握晶体结构模型分析方法。

(2)通过模型观察与分析,掌握典型硅酸盐晶体结构特点。

2.4.2　实验原理

硅酸盐矿物是水泥、陶瓷、玻璃、耐火材料等无机非金属材料工业的主要原料及成品的主要结晶相,在自然界也十分丰富。

硅酸盐晶体结构的一个重要特征是都含[SiO_4],硅氧键属于典型的离子共价键,离子键和共价键各占 50%左右,Si^{4+} 形成 4 个等价的 SP3 杂化轨道,分别与 4 个 O^{2-} 配位,形成[SiO_4],[SiO_4]是硅酸盐晶体的基本结构单元,由于 Si^{4+} 的场强很大,所以[SiO_4]之间如果相连的话,只能共顶相连,不能共棱、共面相连,否则晶体结构不稳定。在硅酸盐晶体中,[SiO_4]可以孤立地存在(岛状),也可以通过共顶相连形成组群、链、面或架状的硅氧阴离子团,这些硅氧阴离子团通过其他阳离子将其联系起来,形成完整的晶体结构。因此,硅酸盐晶体结构按照硅氧四面体的连接方式分为岛状、组群状、链状、层状、架状五类(见表 2.4)。从硅酸盐晶体结构模型中,可以非常直观地看出硅氧四面体的结合方式、共用氧数、氧硅比、其他阳离子配位情况等结构特征,从而了解认识典型硅酸盐晶体结构。

表 2.4　硅酸盐晶体的结构类型

结构类型	[SiO_4]共用 O^{2-} 数	形态	络阴离子	Si:O	实例
岛状	0	四面体	$[SiO_4]^{4-}$	1∶4	镁橄榄石
组群状	1	双四面体	$[Si_2O_7]^{6-}$	1∶3.5	硅钙石
	2	三节环	$[Si_3O_9]^{6-}$	1∶3	蓝椎石
		四节环	$[Si_4O_{12}]^{8-}$		
		六节环	$[Si_6O_{18}]^{12-}$		绿宝石
链状	2	单链	$[Si_2O_6]^{4-}$	1∶3	透辉石
	2,3	双链	$[Si_4O_{11}]^{6-}$	1∶2.75	透闪石
层状	3	平面层	$[Si_4O_{10}]^{4-}$	1∶2.5	滑石
架状	4	骨状	$[SiO_4]^{4-}$	1∶2	石英
			$[(AL_xSi_{4-x})]O_8^{x-}$		钠长石

2.4.3 实验晶体结构模型

典型硅酸盐晶体结构模型若干。

2.4.4 实验内容

观察分析高岭土、蒙脱石、滑石、透辉石、镁橄榄石等典型硅酸盐晶体结构模型。

2.4.5 实验方法与步骤

(1)从硅氧四面体的结合方式、共用氧数、氧硅比、其他阳离子配位情况等方面观察分析高岭土、蒙脱石、滑石、透辉石、镁橄榄石等典型硅酸盐晶体结构特点。

(2)应用鲍林规则,分析透辉石、镁橄榄石等晶体结构特点。

2.4.6 实验结果处理

将实验结果记录入表2.5。

表2.5 典型硅酸盐晶体结构模型分析表

晶体名称及化学式	结构类型	共用氧数	氧硅比	其他阳离子配位数

2.4.7 思考题

(1)为什么石英不同系列变体之间的转化温度比同系列变体之间的转化温度高得多?

(2)观察石英、鳞石英、方石英3种结构中[SiO_4]的连接方式,说明3种结构中是石英与鳞石英的转变容易,还是与方石英的转变容易,为什么?

(3)高岭土与滑石加热时哪个脱水温度高?

(4)在硅酸盐晶体中,Al^{3+}为什么能部分置换硅氧骨架中的Si^{4+}?Al^{3+}置换Si^{4+}后,对硅酸盐组成有何影响?

(5)用电价规则说明Al^{3+}置换骨架中的Si^{4+}时,通常不超过一半,否则将使结构不稳定?

实验2.5 位错的实验观察

2.5.1 实验目的

(1)初步掌握用浸蚀法观察位错的实验技术。

(2)学会计算位错密度的方法。

2.5.2　实验原理

位错是晶体中存在的非常重要的晶体缺陷。位错的存在不仅影响晶体的强度性质，而且与晶体生长、表面吸附、扩散以及晶体的光学、电学性质等密切相关。了解位错的结构及性质，对于了解陶瓷多晶体中晶界的性质和烧结机理是不可缺少的。因此，对于晶体中位错的观察和研究目前得到了广泛的重视。

位错是点阵中的一种缺陷，所以当位错线与晶体表面相交时，交点附近的点阵将因位错的存在而发生畸变，同时，位错线附近又利于杂质原子的聚集。因此，如果以适当的浸蚀剂浸蚀晶体的表面，便有可能使晶体表面的位错露头处因能量较高而较快地受到浸蚀，从而形成小的蚀坑，如图 2.1 所示。这些蚀坑可以显示晶体表面位错露头处的位置，因而可以利用位错蚀坑来研究位错分布以及由位错排列起来的晶界等。但需要说明的是，不是得到的所有蚀坑都是位错的反映，为了说明它是位错，还必须证明蚀坑和位错的对应关系。由于浸蚀坑的形成过程以及浸蚀坑的形貌对所在晶体表面的取向敏感，根据这一点可确定蚀坑是否有位错的特征(见图 2.1)。本实验所用的硅单晶及其他立方晶体中的位错在各种晶面上蚀坑的几种特征如图 2.2 所示。

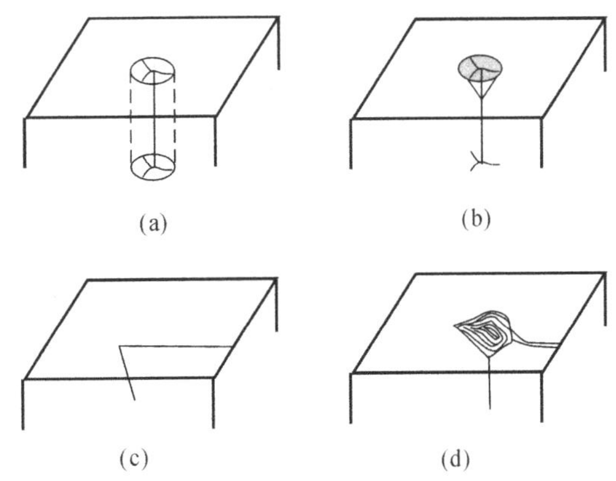

图 2.1　位错在晶体表面露头处蚀坑的形成

(a)刃型位错，包围位错的圆柱区域与其周围的晶体具有不同的物理和化学性质；
(b)缺陷区域的原子优先逸出，导致刃型位错处形成圆锥形蚀坑；
(c)螺位错的露头位置；(d)螺位错形成的卷线形蚀坑，这种蚀坑的形成过程与晶体生长有关

由于浸蚀坑有一定大小，当它们互相重叠时，难以分辨，故浸蚀法只适用于位错密度小于 $10^6 cm^{-2}$ 的晶体，且此法所显示的只是表面附近的位错，有一定的局限性。

2.5.3　实验设备及试样

单晶硅专用磨片机，高纯热处理炉，反光显微镜，酸处理风橱，纯水系统，纯净干燥箱，超声清洗机，带测微目镜的金相显微镜，切片机，硅单晶试样，烧杯，量筒。

2.5.4　实验步骤

1. 浸蚀法观察位错

浸蚀表面最常用的方法是化学法和电解浸蚀法。化学法的步骤如下：

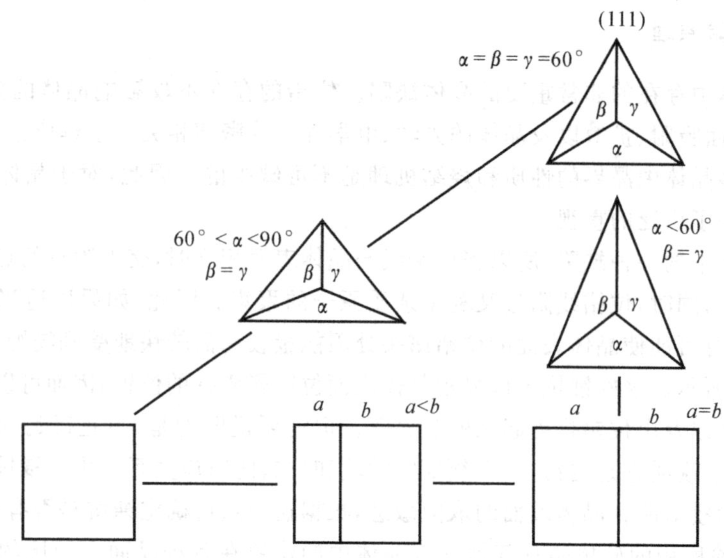

图 2.2 立方晶体中位错蚀坑形状与晶体表面晶向的关系

(1)切片。用切片机沿待观察的晶面切开硅单晶棒,制成试样。

(2)磨制试样。右手握住试样,左手掀住玻璃片,依次用 300 #,302 # 金刚砂进行研磨,每道工序完毕后用水冲洗。

(3)清洗。用有机溶剂(如丙酮)或洗涤剂擦洗待观察表面,去除表面油污,继之用清水冲洗。

(4)化学抛光。清洁表面使其平整光亮。抛光液的配比为:HF(42%):HNO_3(65%)=1:3,处理时温度为 18~23℃,时间为 1.5~4min,操作时应将样品浸没在浸蚀液中,且不停地搅拌,隔一定时间取出后,立即用水冲洗,观察表面,反复几次,直到表面光亮为止。最后再用水冲洗干净。

(5)位错坑的浸蚀。常用的腐蚀剂有 3 种:① Dash 腐蚀液:HF:HNO_3:CH_3COOH=1:2.5:10;②Wright 腐蚀液:HF(60mL)+HAc(60mL)+H_2O(30mL)+CrO_3(30mL)+$Cu(NO_3)_2$(2g);③铬酸腐蚀液:CrO_3(50g)+ H_2O(100mL)+HF(80mL)。本实验采用铬酸法。按以下配比配制 CrO_3 标准液:①标准液:HF(42%)=2:1(慢蚀速);②标准液:HF(42%)=3:2(慢蚀速);③标准液:HF(42%)=1:1(慢蚀速);④标准液:HF(42%)=1:2(快蚀速)。

实验时优先配方③,对位错密度较高的样品及重掺杂样品可也用配方①,这是因为位错密度较高的样品腐蚀时,用快蚀剂不易控制,会使位错坑重叠起来而不易辨别。重掺杂样品由于含杂质量较大,本身就能促进蚀速加快,故也不宜采用快速蚀剂。

硅晶体在浸蚀过程中与浸蚀剂发生一种连续不断的氧化-还原反应,即 CrO_4^{2-} 使硅表面氧化,形成 SiO_2,继之 HF 与 SiO_2 相互作用,形成溶于水的络合物 H_2SiF_6,随后再氧化,再溶解,如此循环,其反应式为

$$3Si + 2Cr_2O_7^{2-} \rightarrow 3SiO_2 + 2Cr_2O_4^{2-}$$

$$SiO_2 + 6HF \rightarrow H_2SiF_6 + 2H_2O$$

总反应式为

$$3Si + 2Cr_2O_7^{2-} + 18HF \rightarrow 3H_2SiF_6 + 2Cr_2O_4^{2-} + 6H_2O$$

具体的浸蚀方法是:将抛光后的样品放入蚀槽中,槽中蚀剂量的多少视样品的大小而定,不要让样品露出液面即可。在 15～20℃温度下浸蚀 5～30min 即可取出。如果温度太低也可延长时间,取出样品后,用水充分冲洗并干燥之。

(6)观察。样品在干燥后即可在金相显微镜下观察。各个样品依次观察,画下蚀坑特征及其分布图像;根据各样品观察面上具有不同形状(如三角形、正方形、矩形等)特征的位错蚀坑,判别观察面的面指数。

2. 计算位错密度

利用测微目镜计算所观察样品的位错密度。硅单晶位错一般为环形线,位错线只能终止于晶体表面或界面上,用单位面积内所包含的露头数可求得硅单晶试样中的位错密度。$\rho = N/S$,其中 N 为观察视域中的全部露头数,S 为观察视域的面积,用测微目镜中标尺测得其直径后算得。(测微目镜标尺格值:450×每小格 0.003 mm;80×0.016 mm)。

2.5.5　思考题

(1)如何根据蚀坑的特征确定位错的性质及蚀坑所在面的指数?

(2)如何根据蚀坑排列方向来判断位错性质?

(3)如何用蚀坑法来测定位错的运动速度?

(4)位错密度的计算有何使用价值? 本实验采用的计算方法有何局限性?

实验 2.6　差热分析

2.6.1　实验目的

(1)了解差热分析的基本原理及仪器装置。

(2)掌握使用差热分析的方法鉴定未知矿物。

(3)绘制黏土脱水的差热分析曲线,定性解释差热曲线。

2.6.2　实验原理

1. 基本原理

差热分析 (Differential Thermal Analysis,DTA)是研究相平衡与相变的动态方法中的一种,用于测定物质在热反应时的特征温度及吸收或放出的热量,包括物质的相变、分解、化合、凝固、脱水、蒸发等物理或化学变化。通过差热分析的数据,工艺上可以确定材料的烧成制度及玻璃的转变与受控结晶等工艺参数,还可以对矿物进行定性、定量分析。

差热分析是将某一物质进行加热和冷却,在这个过程中,若有物相发生变化,如发生熔化、分解、脱水、结晶转变或分解、晶格破坏和重建,总伴随着有吸热或放热的现象,两种混合物若发生固相反应,也有热效应产生,则在物系的温度-时间曲线上会发生停顿转折。但在许多情况下,物系中发生的热效应相当小,不足以引起物系温度有明显的突变,从而使曲线停顿转折并不明显，甚至根本显不出来。因此，常将有物相变化的物质和一个基准物质(其在实验温度变化的整个过程中不发生物理化学变化，没有任何热效应产生，如 Al_2O_3，MgO 等)在相同的条件下，进行加热和冷却，一旦样品发生相变或化学变化，则在样品和基准物之间产生温度差，测定这种温度差，用于分析物质变化的规律，称为差热分析。而检测和记录温度差与温度关系的仪器是差热分析仪。它主要由加热炉及温度控制器、热电偶及记录仪等组成(见图 2.3)。

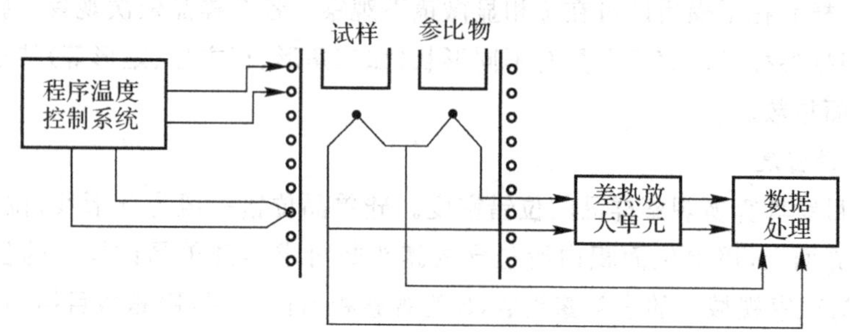

图 2.3　差热分析仪工作原理

实验中，被测试样和参比物分别放在刚玉或镍制成的样品匣顶面的两个小孔内，差热电偶的两个端点分别插入样品匣侧面的两个小孔内，并将其输出端接入一个灵敏检流计，另将一根普通热电偶插入侧面中间小孔，接一个高温计，测量加热(或冷却)温度。如果试样在加热过程中产生熔化、分解、吸附水与结晶水的排除或晶格破坏等，试样将吸收热量，这时试样的温度将低于参比物的温度，闭合回路中便有温差电动势产生，电流从插入参比物的热电偶端流向插入被测试样的一端，检流计指针向一方偏转。随着试样吸热反应的结束，试样和参比物的温度又趋向于相等，检流计指针回到原来位置。若试样在加热过程中发生氧化、晶格重建及形成新物质时，一般为放热反应，试样温度升高，则检流计指针向相反方向偏转。检流计的偏转程度反映了试样和参比物间相对温度差的大小，通过检流计偏转与否来检测差热电势的正负，就可推知是吸热或放热效应。再与参比物质对应的热电偶的冷端连接上温度指示装置，就可检测出物质发生物理化学变化时所对应的温度(见图 2.4)。记录两者的温度差就得到差热曲线(DTA 曲线)(见图 2.5)，其纵坐标为试样和参比物的温度差，向上表示放热反应，向下表示吸热反应，横坐标表示温度或时间，自左向右表示增加。从差热曲线上可以清晰地看到差热峰的数目、位置、方向、宽度、高度、对称性以及峰面积。峰的数目就是在测定温度范围内，待测样品发生变化的次数。峰的位置标志样品发生变化的温度范围，峰面积则表示热效应的大小。

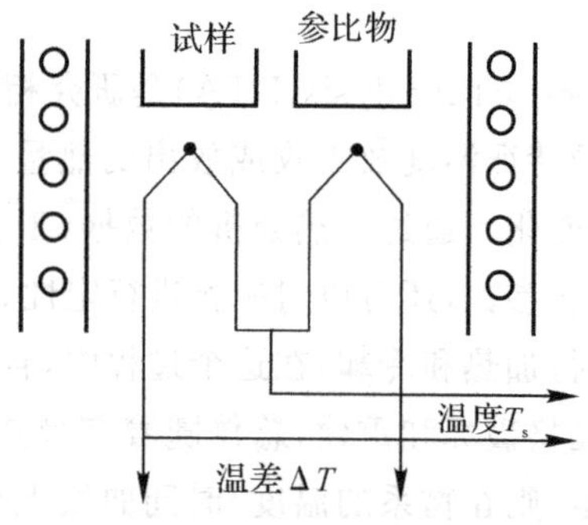

图 2.4　差热分析原理

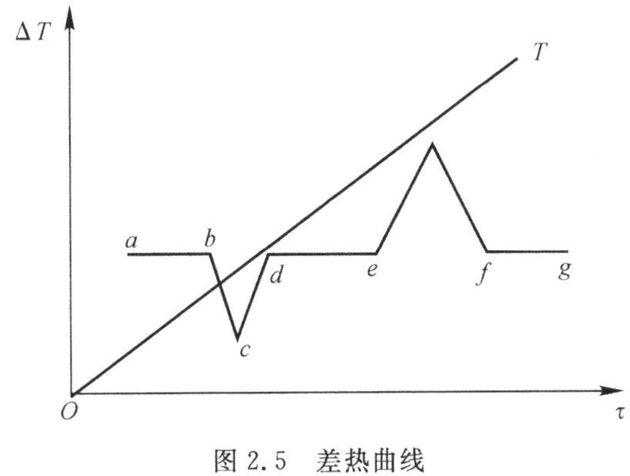

图 2.5　差热曲线

通过分析差热曲线上峰谷的数目、形状、大小并结合试样的来源及其他分析资料，可鉴定出原料的矿物种类。

不同的物质，产生热效应的温度范围不同，差热曲线的形状亦不相同。把试样的差热曲线与相同实验条件下的已知物质的差热曲线作比较，就可以定性地确定试样的矿物组成。差热曲线的峰(谷)面积的大小与热效应的大小相对应，根据热效应的大小，可对试样作定量估计。

2. 分析方法

差热曲线的分析，究其根本就是解释差热曲线上每一个峰谷产生的原因，从而分析出被测样是由哪些物相组成的。

(1)峰谷产生的原因。矿物的脱水、相变为吸热反应；物质在加热过程中化合生成新物表现为放热，而物质的分解表现为吸热；物质发生氧化反应为放热，发生还原反应为吸热。

(2)峰谷温度的标注。在差热分析中，当试样和参比物之间的温差为常数时，实验记录的曲线是一条平直线，称为基线。当试样发生物理化学变化产生热效应而使试样和参比物之间的温度差不为常数时，实验记录的曲线偏离基线，离开基线然后又回到基线的部分称为峰谷。试样温度低于参比物温度，温度差为负值的是吸热峰，试样温度高于参比物温度，温度差为正值的是放热峰。而差热峰谷的温度是进行差热分析的重要指标，通常应标注起始温度、终止温度和峰值温度，一般把曲线偏离基线的起点所对的温度作为峰谷的起始温度，把曲线回到基线的终点对应的温度作为峰谷的终止温度。把曲线偏离基线的最大值点所对应的温度作为峰谷的峰值温度。各种温度的具体数值可从相应的温度曲线上查到，配有计算机的差热仪可自动记录打印温度数值。

(3)矿物鉴定与分析。应用差热曲线来进行矿物鉴定。如被测物质是单相矿物，则可将所测的差热曲线与标准物质或标准图谱上的差热曲线对照，若两者峰谷温度、数目及形状大小彼此相应吻合，则所测物质基本上可以认为是标准差热曲线所代表的物质；若被测物是混合物，则差热分析的可靠程度较低，一般只把它作为鉴定物相的辅助方法。通常应结合其他鉴定方法，如 X 射线衍射物相分析法等作进一步的确定。在实际工作中，差热分析通常是用来研究物质在高温过程中的物理化学变化，如胶凝材料的水化产物和各种天然矿物的脱水、分解、相变过程以及高温材料水泥、玻璃、陶瓷、耐火材料的形成规律，为原材料的利用和新材料的研制提供一些参考意见。

3. 影响热分析的因素

(1)加热速率。加热速率显著影响热效应在差热曲线上的位置。不同的加热速率，其差热曲线的形态、特征及反应出现的温度范围有明显的不同。一般加热速率增快，热峰(谷)变得尖而窄，形态拉长，反应出现的温度滞后。加热速率减慢时，热峰(谷)变得宽而矮，形态扁平，反应出现的温度超前。

(2)热传导。物质的热导率对差热曲线的形状和峰谷的面积有很大影响。因此，要求样品与中性物质的热传导系数相近。如果两者热传导系数和热容相差较大，即使样品没有发生热效应，但由于导热性不同而产生温度差，导致差热曲线的基线不成一条水平线。所以，黏土与硅酸盐物质选用煅烧过的氧化铝或刚玉粉。对于碳酸盐，则选用灼烧过的氧化镁。

(3)样品的物理状态。

1)颗粒度。粉末试样颗粒度的大小，对产生热峰的温度范围和曲线形状有直接影响。一般来说，颗粒度愈大，热峰产生的温度愈高，范围愈宽，峰形趋于扁而宽。反之，热效应温度偏低，峰形尖而窄。试样细度一般过 200 目筛较好。

2)试样的质量。一般用少量试样可得到较明显的热峰。试样太多，由于热传导迟缓使相近的两峰易合并在一起。通常用 0.2g 左右，可以得到较好灵敏度。

3)试样的形状和堆积。试样堆积最理想的方式是将粉状试样堆积成球形，从热交换观点看，球形试样可以没有特殊损失。为方便起见，可取试样直径与高度相等的圆柱体代替。试样的堆积密度与中性物质一致，否则在加热过程中，因导热不同会引起差热曲线的基线偏移。

2.6.3 实验仪器与样品

(1)差热分析仪。差热分析仪(见图 2.6)主要由温度控制系统和差热信号测量系统组成，辅之以气氛和冷却水通道，测量结果由记录仪或计算机数据处理系统处理。

图 2.6 差热分析仪

温度控制仪由程序温度控制单元、控温热电偶及加热炉组成。程序温度控制单元可编程序模拟复杂的温度曲线，给出电压信号。当温控热电偶的热电势与该电压值有偏差时，说明炉温偏离给定值，由偏差信号调整加热炉功率，使炉温很好地跟踪设定值，产生理想的温度曲线。

差热信号测量系统由差热传感器、差热放大单元等组成。

差热传感器即样品支架，由一对差接的点状热电偶和四孔氧化铝杆等装配而成，测试时试样与参比物（α－氧化铝）分别放在两只坩埚内，加热炉以一定速率升温，若试样没有热反应，则它与参比物的温差 $\Delta T=0$，差热曲线为一直线，称为基线。若试样在某一温度范围有吸热（或放热）反应，则试样将停止（或加快）上升，试样与参比物间产生温差 ΔT，把该温度信号放大，由记录仪或计算机数据处理系统画出 DTA 峰形曲线，根据峰的温度和峰面积的大小、形状，可以进行各种分析。

差热分析仪是将差热分析装置中的样品室、温度显示、差热信号采集及记录全部自动化的一种分析仪器。依据组合方式的不同，仪器有 DTA－TG 型和 DTA－DSC(Differential Scanning Calorimetry)型，有的综合差热分析还可以同时测定加热过程中材料的热膨胀、收缩、比热等。

(2)干燥器，筛子(200 目)，研钵，黏土，$\alpha-Al_2O_3$。

2.6.4　实验步骤

(1)样品备置。

基准物：将 $\alpha-Al_2O_3$ 研磨、过筛后制成粒度为 200 目的粉末。

试样：应与基准物的细度及吸附水量一致，为此应将黏土放在 105±5℃ 干燥，然后置于干燥器中备用。

(2)装样品。用样品勺将 $\alpha-Al_2O_3$ 及黏土分别装入两只坩埚，样品量一般不超过坩埚容积的 2/3，把装样后的坩埚放在清洁的台面上轻顿数次，使样品松紧适中。

(3)按图 2.3 所示，检查装置的连接情况。

(4)打开差热仪各单元电源，将差热仪预热 20min 后再开启电炉电源。

(5)将试样与中性物质（$\alpha-Al_2O_3$）分别放在对应的样品座内，样品装填密度应该相同。

(6)设置温控参数，根据空白曲线的升温速率（一般大约 10℃ · min^{-1}）升温。

(7)观察并打印差热曲线，测试完毕后断开各单元电源。

2.6.5　实验注意事项

(1)升温前开启电炉水冷系统。

(2)坩埚中试样不宜加太多，以免加热时溢出，污染容器和影响差热曲线形状。

(3)对比分析用的试样，其测试条件必须保持完全一致。

(4)炉内若可使用气氛，可根据实验要求通入气氛。

(5)坩埚若要重复利用，须用 HCl 浸泡、蒸馏水水煮并在 100℃下烘干后方可使用。

(6)测试完毕，电炉应冷却到 300℃以下方能停止循环水系统。

2.6.6　数据记录及处理

(1)根据绘制出的差热曲线，标注差热曲线峰谷的起始、终止、峰值温度及外延起始温度。

(2)根据所测矿物差热曲线的峰谷温度、数目、形状及大小解释每个峰谷产生的原因，进而初步鉴定所测矿物为何种物相。

(3)在差热曲线上确定热效应发生的温度范围，并解释其产生的原因。

2.6.7　思考题

(1)影响差热曲线峰谷温度变化的因素有哪些？在利用标准差热曲线来进行物相鉴定时，

主要的鉴定依据是什么？

(2)黏土在加热过程中有哪些物理化学变化？这些变化在差热曲线上如何反映？

(3)如何保证差热分析曲线的准确性？

实验 2.7　高温熔体黏度的测定

2.7.1　实验目的

(1)了解熔体黏度的测定方法和测试原理。

(2)熟悉本实验所用设备的使用方法和操作技术。

(3)测定玻璃熔体的黏度随温度变化的规律。

2.7.2　基本原理

黏度是高温熔体重要的热物性之一。对于无机非金属材料，特别是在玻璃的生产过程中，玻璃熔体的性质，尤其是黏度对玻璃的熔化质量有很大的影响，其与玻璃的退火、成形、热加工等密切相关；黏度还直接影响水泥、陶瓷、耐火材料烧成速度的快慢，此外，熔渣对耐火材料的腐蚀，高炉和锅炉的操作也和黏度有关。

熔体黏度是由其结构决定的，所以对黏度的测定研究，也是揭示熔体结构的重要手段。

黏度 η 是指面积为 S 的两平行液层以一定的速度梯度 $\frac{\mathrm{d}v}{\mathrm{d}x}$ 移动所产生的摩擦力 F：

$$F=\eta S\frac{\mathrm{d}v}{\mathrm{d}x}$$

式中：η—— 熔体的黏度或动力黏度系数。

当 $S=1$，$\frac{\mathrm{d}v}{\mathrm{d}x}=1$ 时，黏度 η 值相当于两平行液层间的内摩擦力。在国际单位制中，黏度的单位是 Pa・s(帕・秒)，表示相距 1 m 的两个面积为 1 m^2 的平行平面相对移动所需的力为 1 N。因此，1 Pa・s＝1 N・s/ m^2。黏度的倒数称为流动度，即

$$\varphi=\frac{1}{\eta}$$

由于硅酸盐熔体的黏度相差很大，从 $10^{-2}\sim10^{15}$ Pa・s，因此不同范围的黏度用不同方法测定。范围在 $10^{6}\sim10^{15}$ Pa・s 的高黏度用拉丝法，根据玻璃丝受力作用的伸长速度来确定。范围在 $10\sim10^{7}$ Pa・s 的黏度用旋转法，采用细铂丝悬挂的转筒浸在熔体内转动，使丝受熔体黏度的阻力扭成一定角度，根据扭转角的大小确定黏度。范围在 $31.6\sim1.3\times10^{5}$ Pa・s 的黏度可用落球法，根据斯托克斯沉降原理，测定铂球在熔体中的下落速度从而求出黏度。此外，很小的黏度 10^{-2} Pa・s 可以用振荡阻滞法，利用铂摆在熔体中振荡时，振幅受到阻滞逐渐衰减的原理测定。

本实验选用旋转法。采用旋转黏度计来测定熔体黏度。将熔体(测试样品)置于旋转体与坩埚之间，旋转体以角速度 ω 旋转时，因熔体的黏滞阻力而产生扭矩 M，通过测量扭力矩获知熔体的黏度，即

$$\eta=K\frac{M}{\omega}$$

式中:K—— 仪器常数,由坩埚、旋转体的形状及其设定位置确定。

2.7.3　实验装置

(1)旋转黏度计有两种类型。Couette 型的被测熔体角速度为0,坩埚回转。Searle 型坩埚的角速度为0,被测熔体旋转。在一般情况下,后一种黏度计的调整简单得多,因此应用也较多。

Searle 型旋转黏度计(见图 2.7)由高温电炉及控制设备、测温设备、铂铑合金坩埚、铂铑合金旋转体的转动设备、扭力矩的测定设备等组成。

(2)坩埚钳,必要时应装铂套。

(3)试样粉碎装置。

(4)护目装置,其防护等级要与测量温度相适应。

(5)石棉手套。

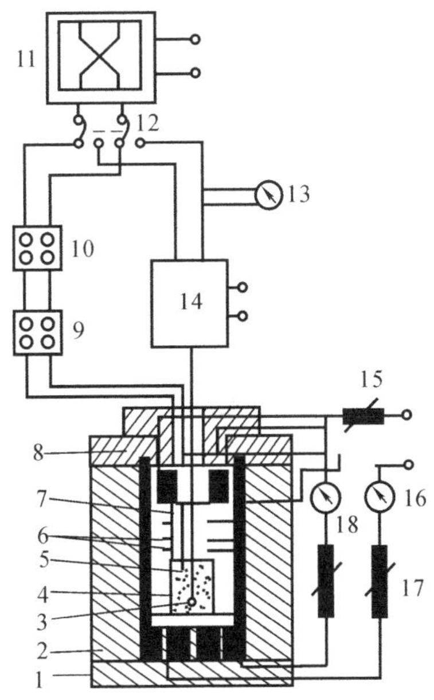

图 2.7　Searle 型旋转黏度示意图

1—炉外壳；2—保温层；3—测量体；4—坩埚；5—熔体表面；6—热电偶；7—对流隔片；8—陶瓷盖；9—热电偶连接点；10—热电偶对比点；11—温度和黏度测量指针偏转记录器；12—转换开关；13—黏度计测量指针；14—黏度计传动系统边同转矩接收器；15—功率调节器；16—电流计；17—微调节器；18—电流计

2.7.4　试样要求与制备

对于无机非金属材料,具有代表性的高温熔体是玻璃熔体,本实验选用玻璃(也可用陶瓷釉料熔块)作试样。待测试样应是均匀体,不含结晶、引人注目的气泡等杂质。将大玻璃块粉碎,选择大于 3 mm 的小块作试样。

玻璃试样量由坩埚形状与大小来确定。一般以玻璃液到达坩埚高度的 2/3 为准,玻璃试样量约 75～100 g。

2.7.5 实验步骤

1. 校准

在测定前，应用标准试样对仪器进行校准，求出仪器常数 K。通常用美国国家标准局的标准玻璃 No.710，No.711，No.717 为标准试样。这些试样的黏度-温度数据如表 2.6 所示。用该仪器测得扭矩 M，根据上述公式 $\eta=K\cdot M/\omega$ 求出 K 值。

表 2.6 标准玻璃在所示温度(℃)下的黏度

单位：dPa·s

玻璃	10^2	10^3	10^4	10^5	10^6	10^7	10^8	10^9	10^{10}	10^{11}	10^{12}
No.710	1 434.3	1 181.7	1 019.0	905.3	821.5	575.1	706.1	664.7	630.4	601.5	576.9
No.711	1 327.1	1 072.8	909.0	974.7	710.4	645.6	594.3	552.7	518.2	489.2	464.5
No.717	1 545.1	1 248.8	1 059.4	927.9	831.2	757.1	698.6	651.1	611.9	579.0	550.9

2. 测量准备

把称量好的玻璃装入坩埚中，将坩埚放在黏度计的加热炉中，加热到一定的温度。此温度应低于玻璃熔制时的温度，既可使玻璃黏度降低到足以允许内部的气泡被释放，又能避免产生二次气泡。如果发现有二次气泡，至少应在此温度下保温 20 min 后再测试。

将旋转体缓慢地插入熔融玻璃体内，直至旋转体的底到坩埚底之间的距离达到给定的高度为止，一般此距离为 10 mm 或 10 mm 以上。然后盖上炉盖。

经过几分钟，熔融玻璃稳定之后，接上扭矩系统。

3. 测量

(1)开始转动旋转体，待稳定之后，测量并记录扭矩，同时记录在测量扭矩时的温度。

(2)调节电炉的加热功率，使温度到达下一个测点温度，经足够的时间(约 30 min)，使温度恒定之后，再重复上述操作进行测定。

一般要测量 5 个温度点以上的"扭矩-温度"数据。

2.7.6 实验数据与结果处理

1. 计算法

将各组数据代人式 $\eta=KM/\omega$ 中，计算出各温度测定点下的黏度值。

2. 图示法

用温度为横坐标，黏度值的对数为纵坐标作图，就可得温度-黏度关系曲线。这种方法需要较多的测量点。例如，在从 10^2 到 10^8 的黏度范围内，至少要有 6 个测量点。

为了对玻璃的黏度-温度特性进行快速定量分析，应从所作曲线中找出下列 3 个温度值。

T_1——$\eta=10^4$ dPa·s 时的温度；

T_2——$\eta=10^{7.6}$ dPa·s 时的温度；

T_3——$\eta=10^{13}$ dPa·s 时的温度。

3. 公式法

在一般情况下，玻璃从澄清到凝固范围内的黏度-温度特性，可由 Vogel-Fulcher-Tamman

表示：

$$x = Lg\eta = A + \frac{B}{T - C}$$

式中：　η —— 熔体的黏度或动力黏度系数，Pa・s；

T —— 温度，℃；

A,B,C —— 常数，根据 x_i 和 T_i 的三个数据对($i=1,2,3$)，利用以下式子进行计算。

$C=(T_2-T_1)(T_3-T_1)(x_3-x_2)/[(T_2-T_1)(x_3-x_1)-(T_3-T_1)(x_2-x_1)]$

$A=[x_2(T_2-C)-x_1(T_1-C)]/(T_2-T_1)$

$B=(T_1-C)-(x_1-A)$

如果可供选择的数据对多于 3 个，则可选用三个可靠的、相距较远的数据对进行计算。用这种方法，可以计算玻璃从澄清到凝固范围内的任一个温度点所对应的黏度值。

2.7.7　思考题

(1)对于 NaCl 熔体，应选用什么方法测定其黏度值？

(2)对于玻璃的低温黏度，应当采用什么方法进行测定？

(3)在多数情况下，测量误差产生的主要原因是什么？

实验 2.8　玻璃析晶性能的测定

2.8.1　实验目的

(1)了解玻璃析晶的机理及析晶现象对玻璃质量的影响。

(2)了解测定玻璃析晶性能的方法和原理，掌握梯温法测定玻璃析晶性能的原理和测试技术。

(3)明确测定玻璃析晶性能在玻璃生产中的重要意义。

2.8.2　实验原理

玻璃的析晶现象对硅酸盐工业有很重要的意义。无论制造平板玻璃、拉制玻璃纤维，还是光学玻璃，玻璃的析晶都会造成玻璃制品的外观和内部缺陷，在晶体周围会产生用退火方法无法消除的应力而降低玻璃的机械性质和热稳定性，而且会影响透明玻璃的透光度和光学均匀性，严重影响玻璃生产的正常进行；而在微晶玻璃的生产中，却要使玻璃体内部析晶，而且要控制晶体数量和晶体颗粒的大小达到一定的要求。因此，玻璃的析晶性能对玻璃的熔制、成形、热处理和微晶化等过程有着极为密切的关系，对研究满足新用途的玻璃或陶瓷新产品也具有重要意义。

玻璃的析晶性能与其化学成分、加热温度及在某一温度下的恒温时间均有关系。一般玻璃的析晶在黏度为 $10^3 \sim 10^5$ Pa・s 的温度范围内发生(即在液相线以下)。在此温度范围内的析晶程度主要取决于晶核形成速度和晶体生长速度以及玻璃在此温度下的黏度和所经历的时间。然而玻璃最容易发生析晶是在最大晶核形成速度 Iv 和最大晶体生长速度 u 两速度曲线重叠部分对应的温度范围内，即通常所说的玻璃析晶温度范围(见图 2.8)。测定玻璃析晶性能就是指测定玻璃的析晶温度范围上限和下限以及在该温度范围内玻璃的析晶程度。根据测定结果,可以制定合理的熔制、成形和热加工制度,从而避免析晶的产生,得到透明而理想的玻璃及制品。

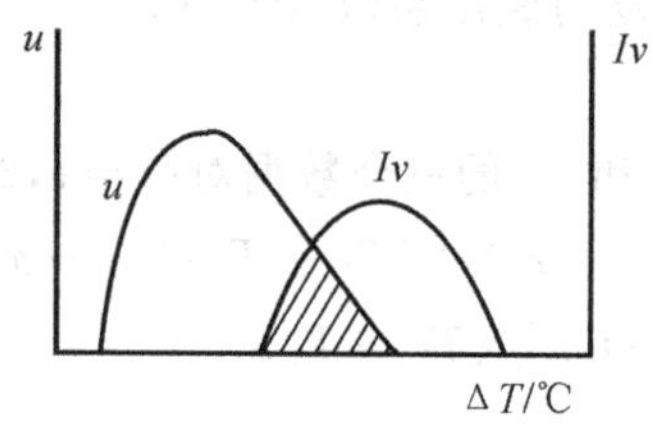

图 2.8 玻璃的晶核形成速率和晶体生长速率曲线

另外,化学组成是决定析晶倾向大小的主要因素,因为不同组成的玻璃具有不同的析晶性能。此外玻璃是否析晶,析晶程度如何,还与某些外界条件有关,如过冷度大小、组分挥发、表面现象、气氛与压力等。

测定玻璃析晶性能的主要方法有梯温炉法、淬火法、高温显微镜法和差热分析法等。淬火法是将被测玻璃加热熔化,然后快冷到估计的析晶上限(或下限)附近某一温度时,保温一定时间,迅速取出冷却观察是否析晶。这样以不同温度保温,重复几次实验即可得到析晶上限(或下限)温度。淬火法测定玻璃析晶温度的准确性最好,但工作量大,很费时间。因此,只有在精确测定玻璃中各种相变温度时才采用。高温显微镜法是采用微型炉和坩埚将玻璃熔融,伴随温度的变化,通过高温显微镜直接观测玻璃的析晶温度和析晶速度以及晶体生长状态。差热法是基于玻璃的内能高于同组成的晶体,在析晶过程中会放出热量,如果同样加热玻璃试样和参比试样,在温度较低时,玻璃试样和参比试样的温度相同;但当温度升到玻璃试样析晶温度时,由于试样玻璃析晶放出热量而使其本身温度升高,造成玻璃试样和参比试样之间产生温度差。差热法就是利用差热分析仪来测定两者的温度差来确定玻璃的析晶温度,以及判断出晶体种类。对析晶速度很快的玻璃,由于在快冷过程中就出现析晶,因此不能用淬火法而只能采用高温显微镜法和差热分析仪来测定,因为这些仪器可以在产生相转变的温度范围内直接观察和连续记录,从而避免冷却过程的影响。

本实验采用梯温炉法测定玻璃的析晶性能。梯温炉法又称强制结晶法,它是将玻璃试样装入瓷舟或铂舟中,然后放在温度呈梯度分布的加热炉中,使玻璃试样处于从完全熔化到接近软化的温度范围内,保持一定时间后迅速取出冷却,观察析晶程度和部位,然后根据梯温曲线查出析晶上限温度(液相线温度)和析晶下限温度。根据所测玻璃析晶温度范围,可制定出合理的成形与热加工制度,就可以避免产生析晶,得到透明理想的玻璃;或者通过控制结晶,得到符合要求的微晶玻璃。梯温炉法操作简捷,测试精度可以满足科研和生产的一般需要,因此得到了广泛应用。

2.8.3 实验设备与样品

实验装置如图 2.9 所示。实验器材有梯温炉、金相显微镜或偏光显微镜、电位差计、热电偶 2 支、瓷舟若干、玻璃条或淬火后的玻璃碎块若干。

梯温炉温度从中部向两端逐渐降低,它是通过电热丝排列密度从炉管中部向两端逐渐减少来实现的。若电热丝为镍铬丝,最高温度可达 1 000℃左右,若用铂金丝,最高温度可达

1 400℃左右。

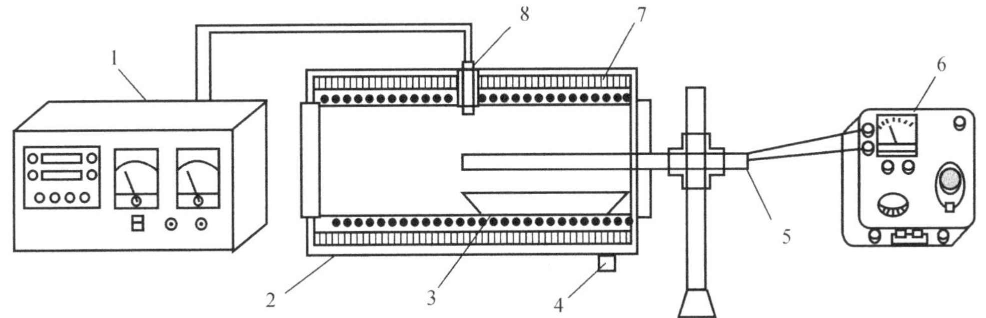

图 2.9　玻璃析晶性能测定装置图

1—温控仪；2—梯温炉；3—瓷舟；4—冷却水套；5—测温热电偶；
6—电位差计；7—电热丝；8—控温热电偶

2.8.4　实验步骤

(1)测定梯温曲线。

1)将梯温炉通电升温，使炉内控温热电偶指示值达到最高温度(由电热元件决定)，温度升到后恒定半小时，然后开始测温。

2)取一较长的热电偶，套入双孔瓷管，使接点露出，把它从炉管的一侧插入，接点位于炉管的中心部位。

3)测温时将热电偶每次外移 1 cm，停留约 5 min，用电位差计测定该点的温度。炉管的另一端用相同方法测温。

4)根据测定结果，以炉管长度为横坐标，温度为纵坐标，按 1∶1 比例绘制出电炉的梯温曲线。

(2)用无水乙醇和蒸馏水清洗试样与瓷舟，然后烘干待用。

(3)接通电源让电炉升温，当温度达到最高点时，恒温半小时，使炉内温度达到平衡。

(4)将无缺陷的条状或碎块玻璃试样均匀地放入清洁的瓷舟(或铂舟)内，小心地推入炉管内合适的温度部位，并记录其准确位置，然后塞好炉口塞。

(5)用可控硅温控仪进行恒温控制，保温 3h(实验过程中，应随时注意中心端温度，温度变化不宜超过±5℃)。

(6)到保温时间后切断电源，迅速取出装有试样的瓷舟(注意要平稳)，在空气中冷却到室温。

(7)观察瓷舟内玻璃试样的析晶范围和析晶程度，对照预先制定的梯温曲线，确定玻璃析晶的上限及下限。

2.8.5　实验结果及数据处理

(1)根据炉中温度分布绘制梯温曲线。

(2)由步骤(7)确定瓷舟内玻璃的析晶范围，对照梯温曲线得出析晶上限、下限温度和析晶温度范围。

2.8.6 实验注意事项

(1)注意取放瓷舟时动作须平稳,勿将样品溢出,污染炉膛。

(2)注意保护电位差计和热电偶,不能让检流计摆动太大而损坏指针,测量时应该粗挡、中挡、细挡逐渐过渡进行测量。

2.8.7 思考题

(1)结合析晶机理说明如何防止玻璃析晶?

(2)样品放入梯温炉前,梯温炉在规定温度下保温时间长短对测试结果有何影响?

(3)为什么瓷舟在使用之前要清扫干净,敲碎的玻璃中不能混入杂质? 否则对测试结果如何影响?

(4)梯温炉法测玻璃析晶有何特点?

实验 2.9 无机材料润湿实验

2.9.1 实验目的

(1)了解液相润湿固相时润湿角与表面能的关系。

(2)掌握润湿角的测定方法和仪器的使用方法。

2.9.2 实验原理

润湿是固液界面上的重要行为,它对陶瓷材料的生产尤为重要。例如,陶瓷、搪瓷的坯釉结合,要求釉在高温下对坯体有充分的润湿性,陶瓷与金属的封接等工艺都与润湿作用有密切关系。

润湿是指液体在固体表面上的铺展,其热力学定义是:固体与液体接触后,体系(固体+液体)的吉布斯自由焓降低。根据润湿程度不同可分为附着润湿、铺展润湿及浸渍润湿三种。陶瓷釉在高温下对坯体的润湿性属于铺展润湿,如图 2.10 所示。

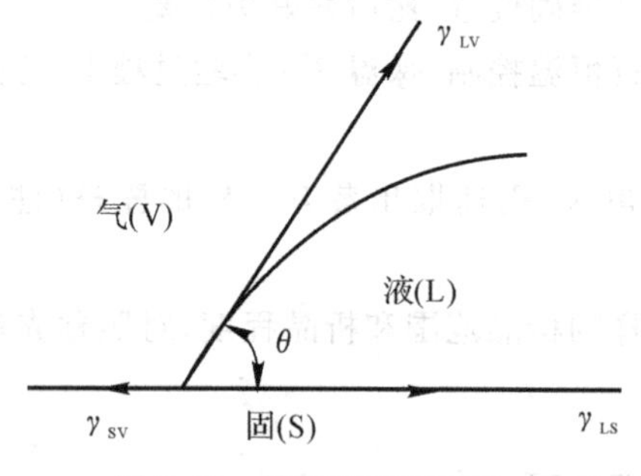

图 2.10 铺展润湿示意图

假定不同的界面间力可用作用在界面方向的界面张力来表示,当液滴落在清洁平滑的固体表面上,忽略液体的重力和黏度影响时,液滴在固体表面上的铺展是由固-气、固-液和液-气三个液面张力所决定的。当液滴在固体平面上处于平衡位置时,这些界面张力在水平方向上

的分力之和应等于 0,即

$$\gamma_{SV}=\gamma_{SL}+\gamma_{LV}\cos\theta$$

式中:γ_{SV},γ_{LV},γ_{SL} —— 固-气、液-气和固-液界面张力;

$F=\gamma_{LV}\cos\theta$—— 润湿张力;

θ—— 液体与固体间的界面和液体表面的切线所夹(包含液体)的角度,称为接触角,θ 在 $0°\sim180°$ 之间。接触角是反应物质与液体润湿性关系的重要尺度,$\theta=90°$ 可作为润湿与不润湿的界限,$\theta>90°$ 时,润湿张力小,不润湿;$\theta<90°$ 时,润湿张力转大,可润湿,$\theta=0°$ 时,润湿张力最大,可完全润湿,即液体在固体表面上自由铺展。

从上面公式可以看出,润湿的先决条件是 $\gamma_{SV}>\gamma_{SL}$,或者 γ_{SL} 十分微小。当固、液两相的化学性能或化学结合方式很接近时,是可以满足这一要求的。因此,硅酸盐熔体在氧化物固体上一般会形成小的润湿角,甚至完全将固体润湿。而在金属熔体与氧化物之间,由于结构不同,界面能 γ_{SL} 很大,$\gamma_{SV}<\gamma_{SL}$,按公式可以计算得 $\theta>90°$。

本实验采用在陶瓷坯体($\gamma_{SV}\approx800$ mN/m)表面上,施以硅酸盐熔体的陶瓷釉($\gamma_{SV}\approx300$ mN/m),在一定温度下测定 θ 角,计算润湿张力 F 和界面能 γ_{SL},分析陶瓷坯釉的结合性能。

2.9.3　实验仪器以及所用工具

实验设备原理图如图 2.11 所示。实验所用仪器如下:

(1)高温影像式烧结点实验仪(或光学接触角测量仪)如图 2.12 所示,用来测量接触角。

(2)釉成形模具和压力机。

(3)陶瓷坯体。

(4)修坯砂纸、锯条。

(5)熔块釉粉。

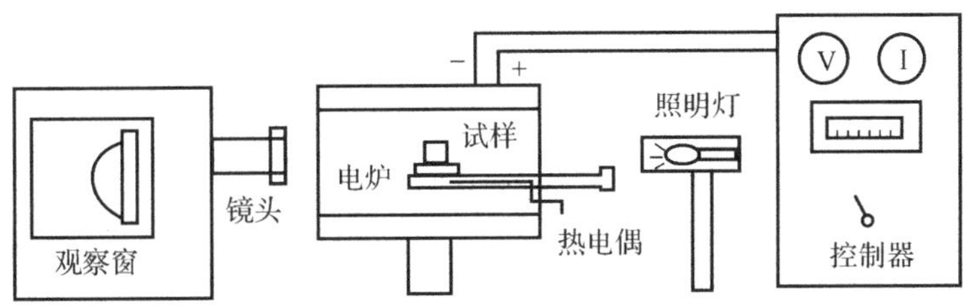

图 2.11　实验设备原理图

2.9.4　实验方法

(1)将普通陶瓷坯体修坯成 20 mm×20 mm×5 mm 的薄片,经 1 300℃烧成为陶瓷片。再将熔块釉粉成形为 Φ5 mm×5 mm 的小圆柱。

(2)将釉粉成形为 Φ5 mm×5 mm 的小圆柱放在 20 mm×20 mm×5 mm 的陶瓷片上,一起放入接触角测定仪的电炉内,升温至 800～1 100℃。观察随着样品温度的升高,样品开始膨胀→收缩→软化→熔融,测定釉熔化后不同温度下形成的 θ 角,或者冷却后把试样拿出测量最高温度的 θ 角。

图 2.12　光学接触角测量仪

2.9.5　实验结果分析

(1)不同温度下的 θ 角,判断其润湿性。

(2)分析实验误差对结果的影响。

2.9.6　思考题

(1)通过实验结果分析陶瓷坯釉的结合性。

(2)影响润湿的因素有哪些?

实验 2.10　黏土-水系统 ζ-电位测定

2.10.1　实验目的

(1)了解黏土粒子的荷电性,观察黏土胶粒的电泳现象。

(2)掌握通过测定电泳速率来测量黏土-水系统 ζ-电位的方法,进一步熟悉 ζ-电位与黏土-水系统各种性质的关系。

(3)了解不同种类及数量的电解质对 ζ-电位的影响。

2.10.2　实验原理

在陶瓷注浆生产中,要求泥浆具有良好的流动性、稳定性和触变性,以满足成形工艺的需要,提高产品质量。根据泥浆的动电位就可以判断其稳定性的大小,随之对其流动性和触变性做出定性分析。也就是说,动电位是反映泥浆稳定性的一个重要参数,而泥浆的稳定性又是衡量泥浆流变性能的重要标志。因此,研究陶瓷黏土泥浆的动电性质对于了解其流变性能及稀释机理有着重要意义,动电位的测定也将成为控制泥浆性能的一种必要测试手段。

陶瓷泥浆具有多相、高分散的特点,可以近似地作为黏土-水系统处理。黏土-水系统的分散相为高度分散的黏土粒子,都带有负电荷。这是由于黏土晶格内粒子的同晶置换,以及黏土表面少量有机质的离解等原因。带电的黏土颗粒分散在水中或电解质溶液中,由于静电力的

作用，在其周围形成一个具有反号离子浓度差的双电层。紧吸在颗粒表面的阳离子称吸附层（见图 2.13 的 AB 之间），当颗粒受到外力（电场力、重力等）作用时，随颗粒一块移动，这就是在实验中观察到的胶粒定向移动。分散较远的水化阳离子在外电场作用下，则向相反方向移动，称为扩散层（见图 2.13 的 BC 之间）。吸附层与扩散层各带相反电荷，相对移动时两者之间存在着电位差，这个电位差称动电位或 ζ-电位。也就是说，当胶粒对均匀的液相介质作相对移动时，所测出的电位差为动电位或 ζ-电位。而黏土粒子表面与扩散层之间的总电位差称为热力学电位，用 E 表示。显然 $|E|>|\zeta|$。

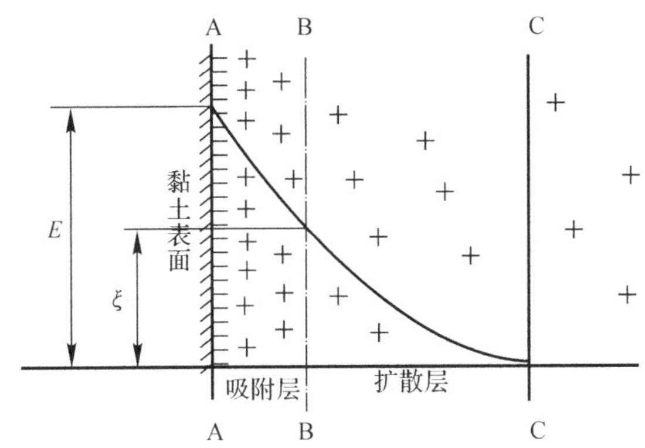

图 2.13　黏土粒子的扩散双电层

ζ-电位较高时，扩散层相对较厚，胶粒受重力影响小，有互相排斥的倾向，使泥浆悬浮呈现稳定状态，同时由于斥力较大，粒子易发生相对位移，黏度较小，流动性也好；当 ζ-电位较低时，则泥浆的稳定性降低，易于聚沉。因此 ζ-电位是衡量稳定性能的一个重要标志，同时也能定性反映泥浆的触变性能以及大体估计其流动性能。瓦雷尔的研究指出：一个稳定的陶瓷泥浆悬浮液，其黏土胶粒的 ζ-电位必在 -50 mV 以上。

影响黏土胶粒 ζ-电位的因素，主要是黏土本身的状况（结构、有机质的含量）、系统中电解质的种类和浓度。

加入适当浓度的电解质（Na_2CO_3，Na_2SiO_3 等），可使 ζ-电位达到最高值。若继续提高电解质浓度，由于吸附层内阳离子增多，扩散层变薄，ζ-电位降低。此时胶粒间斥力减小，泥浆失去稳定性，并引起沉聚。对同一种黏土来说，当加入电解质浓度一定时，各种阳离子对 ζ-电位的影响符合赫夫曼斯特次序，即电价愈低，水化离子半径愈大的阳离子，愈能使扩散双电层加厚，ζ-电位增大。

带电胶粒在直流电场中会发生定向移动，这种现象称为电泳。根据胶粒移动的方向可以判断胶粒带电的正负，根据电泳速度的快慢，可以计算胶体物系的 ζ-电位的大小。进而通过调整电解质的种类及含量，就可以改变 ζ-电位的大小，从而达到控制工艺过程的目的。

据静电学原理，当电场力与摩擦力达到平衡时，胶粒才作稳速运动。通过实验测得电泳速度，按下面公式可以计算其 ζ-电位的数值。

胶体分散相在直流电场作用下定向迁移。胶粒通过光学放大系统将其运动情况投影到投影屏上。通过测量胶粒泳动一定距离所需要的时间，计算出电泳速率。依据赫姆霍茨方程即可计算出 ζ-电位。

$$\zeta=\frac{4\pi\eta v L}{\varepsilon E}\times 300^2 \tag{2.1}$$

式中：ζ—— 动电位，mV；

L—— 两电极导电距离，cm；

η—— 介质黏度，Pa·s；

E—— 外加电压，V；

v—— 电泳速度，即界面移动速度，cm/s；

ε—— 介电常数，水的介电常数为 81。

最后计算得到的 ζ-电位，其正负号决定于胶粒的带电情况。因为黏土胶粒带负电荷，所以黏土泥浆的 ζ-电位为负值。

在外加电场作用下，带电胶粒向电极作定向移动，这就是电泳现象。从式(2.1)看出，ζ-电位的大小与胶粒的移动速度有关。测定动电位主要就是测其电泳速度。一般说来，测定电泳速度有两种方法。第一种是颗粒移动法，即借助于显微镜观察单个胶粒的移动情况。第二种是界面移动法，即用肉眼观察胶体界面的移动情况，虽然此种方法较粗略，但仪器简单，操作方便，可广泛用于工业生产上。本实验采用界面移动法。

2.10.3 实验仪器及原料

1. 实验仪器

电泳仪(见图 2.14)，铂电极，旋转黏度计，秒表，粗天平(0.2 g)，U 形电泳管(带有刻度)，温度计，刻度尺，烧杯(250 mL)，烧杯(1 000 mL)，量筒(100 mL)，搅拌棒。

2. 原料

碳酸钠，硅酸钠，黏土(须经破碎、磨细、过筛)。

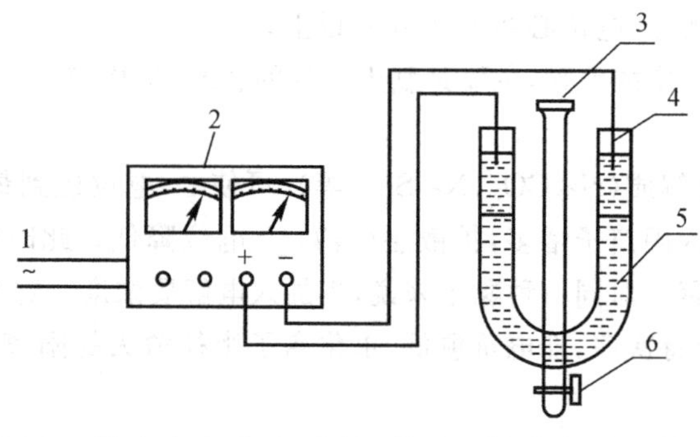

图 2.14 电泳实验装置

1—电源；2—直流稳压电源；3—注浆口；4—铂电极；5—黏土泥浆；6—旋塞

2.10.4 实验步骤

(1)称取 30 g 黏土放于烧杯中，加入 3 倍重量的水，搅拌均匀，制出泥浆。

(2)在电泳仪内注入高度约为 4 cm 的水，然后从注浆口将泥浆缓缓倾入，轻轻打开旋塞，使泥浆缓缓上升至刻度 5 左右。操作中切勿使界面浑浊，先可进行 1～2 次练习，再正式操作。

(3)将铂电极插入 U 形管上方水中，使界面距电极约 1～1.5 cm，并固定好位置，电极要放正，两极在同一水平面上；测量 U 形管的导电距离 L（应测 2～3 次，取平均值）。

(4)按图 2.14 接好实验线路，检查合格后，打开电泳管活塞，接通电源。

(5)接通电源，将电压调至 90～100 V，观察 U 形管内界面刻度的变化，随时做好各项记录。1 min 后电压调至 250 V。

(6)通电约 5 min 后开始记录界面相应的移动距离以及界面移动的方向（向正极移动或向负极移动），每 2 min 记录 1 次，约记 10 min。

(7)将电压粗调至 0，关闭电源开关，测水温 T，量电极距离 L（注意是 U 形导电距离）；

(8)根据公式计算动电位，并根据胶粒移动方向确定动电位的正负。

(9)分别制备 Na_2CO_3 质量分数为 0.5%，1.0%，2%，3%的水溶液 4 杯，作为分散介质，测定其动电位，观察电解质用量对 ζ-电位的影响。

(10)分别制备 Na_2SiO_3 质量分数为 0.5%，1.0%，2%，3%的水溶液 4 杯，作为分散介质，U 形管的两端各加 1 滴或 2 滴，经充分摇匀后，重复上述操作，测定其动电位，观察电解质用量对 ζ-电位的影响。

(11)旋转黏度计分别测定以上黏土泥浆的的触变性能和表观黏度，与所测动电位进行比较。

2.10.5　数据处理及要求

(1)记录所有实验数据，并进行各项计算。将数据及计算结果填于表 2.7 中。

表 2.7　数据记录表

电解质种类	电解质质量分数/%	界面刻度变化		平均 S/cm	时间 t/s	平均速度 v/(cm/s)	电压 U/V	ζ-电位/mV	胶粒电性
		$S_左$	$S_右$						

1) 求电泳速度：

$$v=\frac{S}{t}$$

式中：v—— 电泳速度，即界面移动速度，cm/s；

S—— 界面移动距离，cm；

t—— 与 S 对应的移动时间，s。

2) 求电动电位：

$$\zeta=\frac{4\pi\eta uL}{\varepsilon E}\times 300^2$$

(2) 画出 ζ-电位与电解质用量关系曲线，并进行必要的说明和讨论。

2.10.6　操作注意事项

(1) 实验过程中，不许用手接触线路各接头，实验完毕关闭电源开关。

(2) 切勿擅自取出电极,电源关闭以后才可取出电极。

(3) 实验中一定要微动旋塞,以免界面浑浊。

2.10.7 思考题

(1) 影响黏土泥浆 ζ-电位的因素有哪些?外加电解质的浓度对 ζ-电位的影响如何?

(2) 分析本实验测定 ζ-电位的方法,可能引起的误差有哪些?

(3) 决定电泳速度快慢的因素有哪些?

实验 2.11 黏土阳离子交换容量的测定

2.11.1 实验目的

掌握测定黏土阳离子交换容量的方法,鉴定黏土矿物组成。

2.11.2 实验原理

分散在水溶液中的黏土胶粒带有电荷,不仅可以吸附反电荷离子,而且可以在不破坏黏土本身结构的情况下,同溶液中的其他离子进行交换。当环境条件相同时,黏土对不同价离子的吸附能力次序为 $M^{3+} > M^{2+} > M^{+}$(M 为阳离子),对 H^{+} 是特殊的,由于它的体积小,电荷密度高,黏土对它的吸附能力最强,占据交换吸附序列首位。

根据离子价效应和离子水化半径,可将黏土阳离子交换序排列如下:

$H^{+} > Al^{3+} > Ba^{2+} > Sr^{2+} > Ca^{2+} > Mg^{2+} > NH_4^{+} > K^{+} > Na^{+} > Li^{+}$

在离子浓度相等的水溶液中,位于顺序前面的离子能交换出后面的离子。黏土进行离子交换的能力即交换容量(交换总量)用 100g 干黏土所吸附阳离子的物质的量来表示。黏土矿物的阳离子交换能力随矿物组成的不同而不同。所以,测得离子交换容量,可以作为鉴定黏土矿物组成的辅助方法。

表 2.8 黏土的阳离子交换量

矿　物	高岭石	蒙脱石	伊利石
阳离子交换量(mmol/100g 干黏土)	3～15	80～150	10～40

测定离子交换容量的方法很多,本实验采用钡黏土法。首先,以 $BaCl_2$ 溶液冲洗黏土,使黏土变成钡-土,再用已知浓度的稀 H_2SO_4 置换出被黏土吸附的 Ba^{2+},生成 $BaSO_4$ 沉淀。最后用已知浓度的 NaOH 溶液滴定过剩的稀硫酸,以 NaOH 消耗量计算黏土的交换容量。

2.11.3 试剂与仪器

黏土矿物试样,$BaCl_2$ 溶液(0.5mol/L),H_2SO_4 溶液(0.025mol/L),NaOH 溶液(0.05mol/L),酚酞溶液,离心管,离心分离机,滴定管(碱式),锥形瓶,烧杯,分析天平,移液管。

2.11.4　实验步骤

(1)准确称取黏土矿物试样(0.3～0.5g)3 份(做 3 个平行实验),分别置于已知重量的干燥离心管中,加 10 mL $BaCl_2$溶液充分搅拌(约 1min),然后离心分离,并吸出上面的澄清液,如此重复操作 2 次,加蒸馏水洗涤 2 次。

(2)小心地吸净上层清液,然后将离心管与湿土样在分析天平中称量,算出湿度校正项。

(3)在称量后的土样中,加入 14 mL(分两次加)H_2SO_4溶液充分搅拌,放置数分钟,然后离心分离。

(4)离心后将上层酸液合并吸入一个干烧杯中,用移液管准确吸出 10 mL 置于锥形瓶中,滴加酚酞指示剂 3 滴,用 NaOH 进行滴定,滴定至摇动 30s 红色不褪为止,记下 NaOH 溶液的用量。

(5)吸取 10 mL 未经交换的 H_2SO_4溶液,用相同的 NaOH 溶液进行滴定,记下所消耗的 NaOH 的体积。

2.11.5　实验结果与处理

(1)填写实验数据记录表(见表 2.9)。

表 2.9　实验数据记录表

编号	黏土矿物质量 M/g	湿土加离心管重 g_1/g	干土加离心管重 g_2/g	湿度校正项 L	未经交换的黏土所需的 NaOH 溶液的体积 V_1/mL	交换的黏土所需的 NaOH 溶液的体积 V_2/mL

(2)计算黏土交换容量。

计算公式为

$$W=\left[\frac{14\times N\times V_1-(14+L)\times N\times V_2}{10\times M}\right]\times 100$$

式中:W—— 黏土交换容量(mmol/100g 干黏土);

N——NaOH 溶液的浓度,mol/L;

V_1—— 滴定 10 mL 未经交换的 H_2SO_4 溶液所需的 NaOH 溶液的体积,mL;

V_2—— 滴定 10 mL 交换后的 H_2SO_4 溶液所需的 NaOH 溶液的体积,mL;

M—— 土样重量,g;

L—— 湿度校正项,$L=g_1-g_2$;

g_1—— 湿土加离心管重,g;

g_2—— 干土加离心管重,g。

(3)根据所计算出的黏土阳离子交换容量,判断属于哪种黏土。

2.11.6 实验注意事项

(1)复习天平操作规程,用减量法称取。

(2)离心试管放离心机时,注意垫好周围,并要使离心机处于平衡情况下工作,但是速度不能过大,最高转速不得超过 1 000 r/min。

(3)注意不要把黏土吸走。

(4)水洗之后同样要分离并吸取清液。

2.11.7 思考题

(1)黏土产生阳离子交换的原因是什么?

(2)在实验中为什么要进行湿度校正?

(3)制成 Ba -土后用水洗涤多余的 $BaCl_2$,试问冲洗次数是否受限制?

(4)说明研究黏土阳离子交换的重要性。

实验 2.12 泥浆的流动性和触变性

2.12.1 实验目的

(1)在掌握泥浆的稀释原理及泥浆黏度、流动性及触变性概念的基础上,学会选择稀释剂及确定稀释剂用量。

(2)熟悉和了解泥浆性能对陶瓷生产工艺的影响。

(3)掌握泥浆性能测试方法及控制方法。

2.12.2 实验原理

在陶瓷材料的生产中,泥浆黏度是否恰当,将影响球磨输送、储存、榨泥和上釉等生产工艺,特别是注浆成形时,希望获得含水量低,同时又具有足够流动性及适当的触变性的泥浆,通常在泥浆中加入适量的电解质(泥浆稀释剂)来满足工艺的要求,提高泥浆的流动性。但对于不同的泥浆中加入何种稀释剂,需要有科学的依据。因为不同的稀释剂对泥浆的流动性都有其特定的稀释效果,如何调节和控制泥浆的流动度,对于满足生产需要、提高制品质量和生产效率具有重要意义。

泥浆是黏土悬浮于水中的分散系统,是具有一定结构特点的悬浮体和胶体系统。泥浆在流动时,存在内摩擦力,内摩擦力的大小一般用黏度的大小来反映,黏度的倒数即为流动度,黏度越大则流动度越小,即流动性越差,反之则相反。流动后的泥浆静置后,常会凝聚。浆体在剪切速率不变的条件下,剪切应力随时间减少的性能称为触变性。触变性表现为泥浆或可塑泥团因受震动或搅拌时,黏度会降低而流动性增加,静置后又恢复原状的性能。触变性以稠化度或者厚化度表示。

泥浆的流动性与触变性,主要取决于坯釉料的配方组成,特别是黏土原料的矿物组成、工艺性质、粒度分布、水分含量、使用电解质种类、用量及泥浆温度等。调节和控制泥浆流动性和触变性的常用方法是选择适宜的电解质及合适的加入量。

在黏土水系统中，黏土粒子带负电，在水中能吸附正离子形成胶团。一般天然黏土粒子上吸附着各种盐的正离子：Ca^{2+}，Mg^{2+}，Fe^{3+}，Al^{3+}，其中 Ca^{2+} 为最多。在黏土水系统中，黏土粒子还大量吸附 H^{+}。在未加电解质时，由于 H^{+} 半径小，电荷密度大，与带负电的黏土粒子作用力也大，易进入胶团吸附层，中和黏土粒子的大部分电荷，使相邻同号电荷粒子间的排斥力减小，致使黏土粒子易于黏附凝聚，降低流动性。Ca^{2+}，Al^{3+} 等高价离子由于其电荷高及黏土粒子间的静电引力大，易进入胶团吸附层，同样降低泥浆流动性。如加入电解质，这种电解质的阳离子离解程度大，且带水膜厚，而与黏土粒子间的静电引力不很大，大部分仅能进入胶团的扩散层，使扩散层加厚，电动电位增大，黏土粒子间排斥力增大，从而提高泥浆的流动性，即电解质起到了稀释作用。

泥浆的最大稀释度与其电动电位的最大值相适应，若加入的电解质过量，泥浆中这种电解质的阳离子浓度过高，会有较多的阳离子进入胶团的吸附层，中和黏土胶团的负电荷，从而使扩散层变薄，电动电位下降，黏土胶团不易移动，使泥浆黏度增加，流动性下降，因此电解质的加入量应有一定的范围。

用于稀释泥浆的电解质必须具备 3 个条件：

(1)具有水化能力强的 1 价阳离子；

(2)能直接离解或水解而提供足够的 OH^{-}，使分散系统呈碱性；

(3)能与黏土中有害离子发生交换反应，生成难溶的盐类或稳定的络合物。

生产中常用的电解质可分为三类：

(1)无机电解质，常用碱金属钠盐和铵盐，如水玻璃、碳酸钠、六偏磷酸钠、焦磷酸钠等，这类电解质用量一般为干料重量的 0.3%～0.5%。

(2)能生成保护胶体的有机盐类。例如，腐植酸钠、单宁酸钠、柠檬酸钠、松香皂等，用量一般为 0.2%～0.6%。

(3)聚合电解质。例如，聚丙烯酸盐、羧甲基纤维素、阿拉伯树胶等。

稀释泥浆的电解质，可单独使用或几种混合使用，其加入量必须适当。若过少，则稀释作用不完全；过多则反而引起聚凝。适当的电解质加入量与合适的电解质种类对于不同黏土，必须通过实验来确定。一般电解质加入量小于 0.5%(对干料而言)采用复合电解质时，还须注意加入的先后顺序对稀释效果的影响。当采用碳酸钠与水玻璃或碳酸钠与单宁酸合用时，都应先加入碳酸钠后加入水玻璃或单宁酸。

本实验完成三个项目：电解质种类的选择；电解质用量的确定；泥浆黏度及触变性的测定。

泥浆的黏度可以用绝对黏度和相对黏度表征。用恩氏黏度计测定相对黏度，通常是用同体积的水的流出时间去除该泥浆的流出时间的商来表示。用旋转黏度计测定绝对黏度，是把测得的读数值乘以系数表上的特定系数的积来表示。

触变性用稠化度(或者厚化度)来表示，等于搅拌后静置 30 min 的泥浆从恩格勒黏度计中流出 100 mL 所用的时间与搅拌后静置 30 s 的泥浆流出同体积所用的时间比。

本实验分别进行绝对黏度、相对黏度、流动度及厚化度的测定。

2.12.3　实验设备与原料

实验设备与原料包括以下几类：

(1)恩格勒黏度计;

(2)NDJ—1 型旋转式黏度计;

(3)普通天平;

(4)分析天平;

(5)温度控制器(可控分度值±1℃);

(6)电动搅拌器;

(7)滴定管、量筒(1 000 mL)、玻璃棒、铁架、秒表(分度值为 0.1 s)、烧杯、80 目筛、100 mL 承受瓶;

(8)电解质:Na_2CO_3、水玻璃、NaOH。

恩格勒黏度计如图 2.15 所示,主要由两个圆筒形的容器套装组成,外圆筒用于装恒温溶液(水),内圆筒装样品,其中心有一个圆锥形小孔,样品由此孔流出,流出口长度为(20±0.2)mm,流出口上孔径为(70±0.2)mm,下孔径为(5.0±2)mm,内表面粗糙度为 3.2。

改变泥浆温度对它的黏度影响很大。因此在比较两种泥浆的黏度时,必须严格地在一定温度下进行测定。外层容器作为恒温器,用来加热泥浆到规定温度。外层容器中的温度用装在特别夹持器中的温度计来测量。在泥浆或釉浆较稠、黏度较大时,用恩格勒黏度计难以测定。

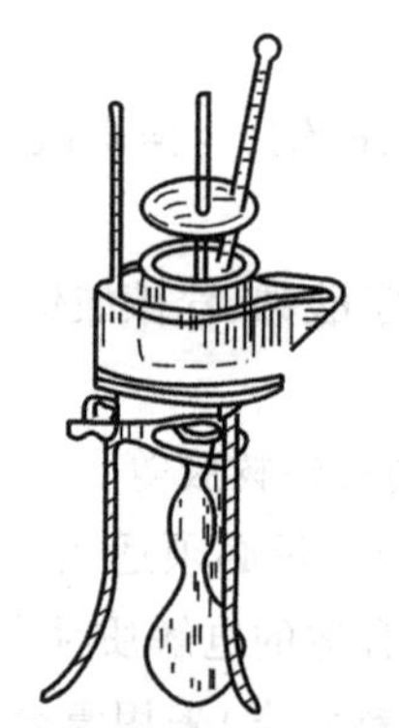

图 2.15　恩格勒黏度计示意图

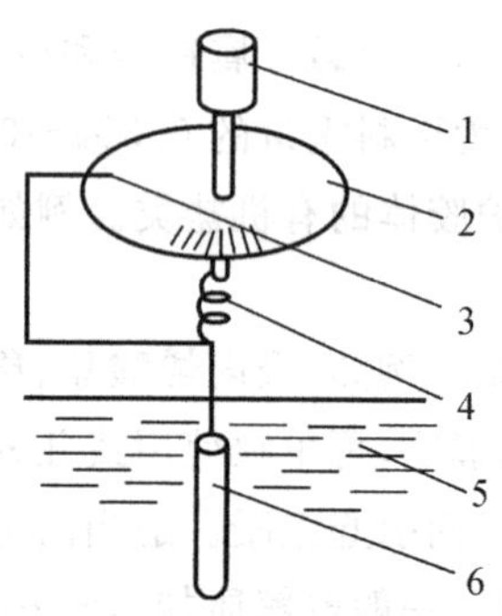

图 2.16　旋转黏度计

1—同步电机;2—刻度圆盘;3—指针

4—游丝;5—被测液体;6—转子

旋转式黏度计如图 2.16 所示。同步电机以稳定的速度旋转,连接刻度圆盘;再通过游丝和转轴带动转子旋转。如果转子未受到泥浆的阻力,则游丝、指针与刻度圆盘同速旋转,指针在刻度盘上指出的读数为“0”。反之,如果转子受到泥浆的阻力,则游丝产生扭矩,与黏滞阻力抗衡最后达到平衡,这时与游丝连接的指针,在刻度圆盘上指示一定的读数(即游丝的扭转角)。将读数乘上特定的系数(系数值表附在黏度计表盘上),即得到泥浆的黏度。NDJ—1 型旋转黏度计的适应范围很广,量程为 0.000 1～100 Pa·s。该仪器使用方便,只要用深度稍超过转子长度的杯子盛上泥浆或釉浆,放入转子,开动仪器很快就可以测得黏度。如果采用“引伸索”,可以直接在车间的釉缸中测定。当固定了测量条件,对同一泥浆或釉浆重复测定多次,可以得到差别小、前后一致、重复性好的数据。

2.12.4　实验步骤

1. 试样制备

(1)配制电解质标准溶液:配制质量分数为 5%或 10%的 Na_2CO_3,NaOH,Na_2SiO_3 3 种电解质的标准溶液。

电解质应在使用时配制,尤其是水玻璃极易吸收空气中 CO_2 而降低稀释效果。Na_2CO_3 也应保存于干燥的地方,以免在空气中变成 $NaHCO_3$ 而成凝聚剂。

(2)黏土试样的制备。黏土须经细磨、风干,过 80～100 目筛。

2. 实验步骤

(1)泥浆需水量的测定。称取 300 g 干黏土,用滴定管加入蒸馏水,充分搅拌至泥浆开始呈微蠕动为止(不同黏土的加水量波动于干试样重量的 50%～80%),记录加水量。

(2)电解质用量初步实验。在上述微呈流动的泥浆中,以滴定管将配好的电解质标准溶液仔细滴入,不断搅拌、和匀,记下泥浆明显稀释时电解质的加入量。

(3)选择电解质的用量。取 5 只泥浆杯编号,各称取试样 300 g(准确至 0.1 g),加入所确定的加水量,调至呈微流动。

根据初步实验所加电解质的量,选择电解质加入量的范围,其间隔(可由大到小)为一定(0.5～0.1 mL),根据最大的电解质溶液量在其余 4 杯中补加蒸馏水,至 5 杯中总溶液体积相等,调和后,用电动搅拌机搅拌 30 min,用黏度计测定泥浆的流动度,所选择电解质的浓度范围应包括使泥浆获得最大稀释的合宜用量。

(4)黏度的测定。

1)绝对黏度的测定。调整好旋转黏度计至水平位置,将选择好的转子装上黏度计(逆时针方向旋入装上,顺时针方向旋出卸下),并装上保护架,旋转升降旋钮,使仪器缓慢下降,转子逐渐浸入被测泥浆中,直至转子液面标志和液体面相平为止。

调整仪器水平,按下指针控制杆,开启电机开关,转动变速旋钮,使所需转速数向上,对准速度指示点,放松指针控制杆,使转子在泥浆中旋转。经多次旋转(一般为 20～30 s),待指针趋于稳定,按下指针控制杆(注意:不得用力过猛;转速慢时,可不用控制杆而直接读数),使指针停在读数窗内,再关闭电机,然后读取读数。

当指针所指数值过高或过低时,可变换转子和转速,使读数在 30～90 格之间为佳。

量程、系数及转子、转速的选择:先大约估计被测泥浆的黏度范围,然后根据量程表选择适当的转子和转速,旋转黏度计有 4 档转速,通常选择 12 r/min 和 30 r/min 的转速来测定黏度,然后根据试样的黏度选择合适的转子,对陶瓷泥浆而言,常用转子为 2 号和 3 号。

当估计不出被测泥浆的大致黏度时,应假定为较高的黏度,试用由小到大的转子和由慢到快的转速,原则是高黏度的泥浆选用小的转子、慢的速度,低黏度的泥浆选用大转子和快转速。

2)相对黏度的测定。洗净并擦干恩格勒黏度计,加入蒸馏水至仪器 3 个尖形标志为止,调整仪器底脚螺丝使 3 个尖形标志所在的平面与水平面重合;

将水注入黏度计外筒中,使水平面高于内筒 3 个尖形标志,将测温探头插入外筒水中,将控制温度旋钮调至 30℃,通电加温,随时用搅拌器搅拌,使水温度均匀。

在黏度计流出口下方放置 100 mL 承受瓶,内筒水温到达(30±1)℃时拔起塞在流出口的塞子,同时启动秒表,记录流出 100 mL 水的时间,重复测定 3 次,测量值差不得大于 0.2s,取平均值，作为 100 mL 水流出时间 τ_1。

放出黏度计中桶内的水并擦拭干净，将上述 5 只泥浆杯中的泥浆充分搅拌后，分别注入黏度计内筒，使注入泥浆液面到达仪器的 3 个尖形标志为止，在内筒盖子的另一个孔上放上一只温度计，观察泥浆温度。当其与黏度计外筒温度(30±1)℃一致时，用搅拌器仔细搅拌泥浆 5 min后静置 30 s，测定泥浆流出 100 mL 所需要的时间，重复测定 3 次，取平均值作为泥浆流出时间 τ_2。

(5)确定最宜电解质。用上述两种方法测定其他电解质浓度对该黏土泥浆试样的稀释作用，比较泥浆获得最大稀释时的绝对黏度和相对黏度，电解质用量及泥浆获得一定流动度的最低含水量。

(6)厚化度测定。泥浆搅拌后，将上述已加有一定量电解质的泥浆倒入恩格勒黏度计后，分别测定静置 30 s 和 30 min 后泥浆流出 100 mL 所需要的时间，重复测定 3 次，取平均值作为泥浆流出时间，分别记作 τ_2 和 τ_3，静置 30s 的 3 次测定偏差不得大于 0.5 s，静置 30 min 的 3 次测定偏差不得大于 0.8 s，否则需要重新测量。

2.12.5 实验结果与数据处理

1. 填写实验数据记录表

(1)将实验数据填入绝对黏度测定记录表(见表 2.10)。

表 2.10 绝对黏度测定记录表

杯号	试样细度/目	泥浆含水率/(%)	电解质名称	电解质标准溶液浓度/(%)	电解质标准溶液用量/mL	转子号数	转子转速/(r·min^{-1})	特定系数 K	黏度计指针读数 S	绝对黏度 η	绝对流动度

(2)将实验数据填入相对黏度测定记录表(见表 2.11)。

表 2.11 相对黏度测定记录表

杯号	试样细度/目	泥浆需水量/%	电解质名称	电解质准溶液浓度/%	电解质标准溶液用量/mL	100 mL 水流出时间 τ_1	100 mL 泥浆流出时间 τ_2	相对黏度 η_a	相对流动度 F

(3)将实验数据填入厚化度测定记录表(见表 2.12)。

表 2.12 厚化度测定记录表

杯号	100 mL 泥浆静置 30 s 流出时间 τ_2	100 mL 泥浆静置 30 min 流出时间 τ_3	厚化度 T

2. 数据处理

(1) 相对黏度 η_a 的计算如下：

$$\eta_a = \tau_2 / \tau_1$$

式中：η_a—— 相对黏度；

τ_1—— 流出 100 mL 水的时间，s；

τ_2—— 流出 100 mL 黏土泥浆的时间，s。

泥浆相对流动性 F 的计算公式为

$$F = \tau_1 / \tau_2$$

(2) 以泥浆的相对黏度为纵坐标，电解质的不同加入量为横坐标绘制曲线图。根据转折点判断最宜电解质加入量。

(3) 绝对黏度的计算如下：

$$\eta = SK$$

式中：η—— 绝对黏度；

S—— 黏度计指针所指读数；

K—— 黏度计系数表上的特定系数。

(4) 以泥浆的绝对黏度为纵坐标，电解质不同加入量为横坐标作图。根据转折点判断最宜电解质加入量。

(5) 厚化度的计算如下：

$$T = \tau_3 / \tau_2$$

式中：T—— 厚化度；

τ_2—— 样品静置 30 s 流出 100 mL 黏土泥浆的时间，s；

τ_3—— 样品静置 30 min 流出 100 mL 黏土泥浆的时间，s。

2.12.6　实验注意事项

(1)用电动机搅拌泥浆时，先将搅拌叶片沉入泥浆中再开动电机，以免泥浆飞溅。多次平行实验，电动机转速和运转时间要保持一定。

(2)泥浆从流出口流出时，不要触及量瓶颈壁，否则须重做。

(3)当静置 30min 和泥浆温度超过 30℃ 以上时，每做一次实验，应清洗一次黏度计流出口。

(4)每测定一次黏度，应将量瓶洗净、烘干或用无水乙醇除去量瓶中剩余水分。

(5)旋转黏度计升降时应用手托住仪器，以防仪器自重坠落。

(6)在按下指针控制杆之前，不得开动电机和变换转速。

(7)每次使用完毕应及时拆下转子及保护架进行清洗(不得在仪器上进行转子清洗)。

(8)旋转黏度计不得随时搬动，要搬动和运输时应用橡皮筋将指针控制杆圈住，并套入包装套圈，托起连接螺杆，然后用螺钉拧紧。

2.12.7　思考题

(1)比较不同电解质加入量及其稀释效果。

(2)解释电解质稀释泥浆的机理。

(3)电解质有哪几种？对 H -黏土而言应加入哪种电解质最适宜，为什么？

(4)测定触变性对陶瓷生产有什么指导意义？

(5)在生产中加入电解质的量是否加到稀释效果最好时为止，为什么？

实验 2.13 淬冷法测定二元相图

2.13.1 实验目的

(1)了解相图的研究方法，掌握用淬冷法测定二元相图的实验方法。

(2)了解系统相平衡与温度变化的关系。

2.13.2 实验原理

在无机非金属材料的制备过程中，当温度、组成等改变时，会发生一系列的物理和化学变化，最终材料的性质除了与化学组成有关外，还取决于其显微结构，即其中所包含的每一相(晶相、玻璃相及气孔)的组成、数量和分布。相图为从热力学平衡角度研究材料显微结构的形成提供了十分有用的工具。

凝聚系统相图中，相平衡研究方法的实质，就是利用系统发生相变时的物理化学性质或能量的变化，用各种实验方法准确测出相变时的温度。例如，对应于液相线或固相线的温度，以及多晶转变、化合物的分解和形成等等的温度。

通常测定相图的方法可以归纳为两大类：动态法和静态法。动态法中最常用的是加热(冷却)曲线法和差热分析法。但对于硅酸盐系统，常因“过冷”或熔体黏度太高，结晶慢，系统很难达到平衡。采用动态方法往往得不到满意的结果，误差较大，因此，常采用静态法，即淬冷法来研究高黏度系统的相平衡。本实验采用淬冷法，将少量样品加热到预定温度，保温达到物相平衡，然后将试样淬冷以“冻结”这个平衡状态，然后用 X 射线、显微镜等对物相进行鉴定。当实验点足够多，温度间隔与组成间隔都比较小时，就能获得准确的结果，但工作量相当大。

淬冷法所用的试样是用同一种原始样品制成一系列不同的试样，然后进行加热研究，所以试样的均匀性对结果的准确性关系甚大。因此，必须把原始的物料按照规定至少进行 3 次熔融与细磨的手续。同时，实验时试样的重量宜应规定，用量以少为原则。用量愈少，愈易淬冷。但须保证足以进行物相分析。一般所取试样重为 0.1～0.2 g，最少可减到 0.01～0.02 g。

硅酸盐系统中，达到平衡的方式，通常不适宜于采取刚刚加热到所需的温度后就立即进行保温，因为按照这种方式加热到所需研究的温度时，达到组份熔化或固相反应的平衡状态需要很长的时间，甚至是难以达到的。所以多数情况下，采用先加热到较高的温度，然后冷却到所需温度的方式。

冷却后的产物，即应取出作显微镜和X射线研究。在许多情况下，用显微镜观察物相的光性对了解晶相和玻璃相有很大的帮助。例如，在某一测试温度 t_1 下，淬冷样品中全为各向同性的玻璃相，则可以断定，系统在该温度下为熔融的液相。如果在另一较低的温度 t_2 时，却得到了玻璃和一定数量的晶相，则表明液相线位于 t_1 与 t_2 之间；若在更低温度 t_3 得到全部晶相(含两种晶体)，表明该温度已低于二元低共熔点温度。因此，根据多次实验的结果，即可作出二元或多元系统的相图。

淬冷法测定相变温度的准确度相当高，但必须经过一系列的实验，先由温度间隔范围较宽作起，然后逐渐缩小温度间隔，从而得到精确的结果。除了同一组成的物质在不同温度下的实验外，还要以不同组成的物质在不同温度下反复进行实验，因此，测试工作量相当大。

本实验用淬冷法验证 $Na_2O-2SiO_2$ 系统相图（见图 2.17）。采用 $Na_2O:SiO_2=1:2$ 的样品，测定其在液相线以上的一个温度（900℃）和液相线以下的一个温度（800℃）的平衡状态。

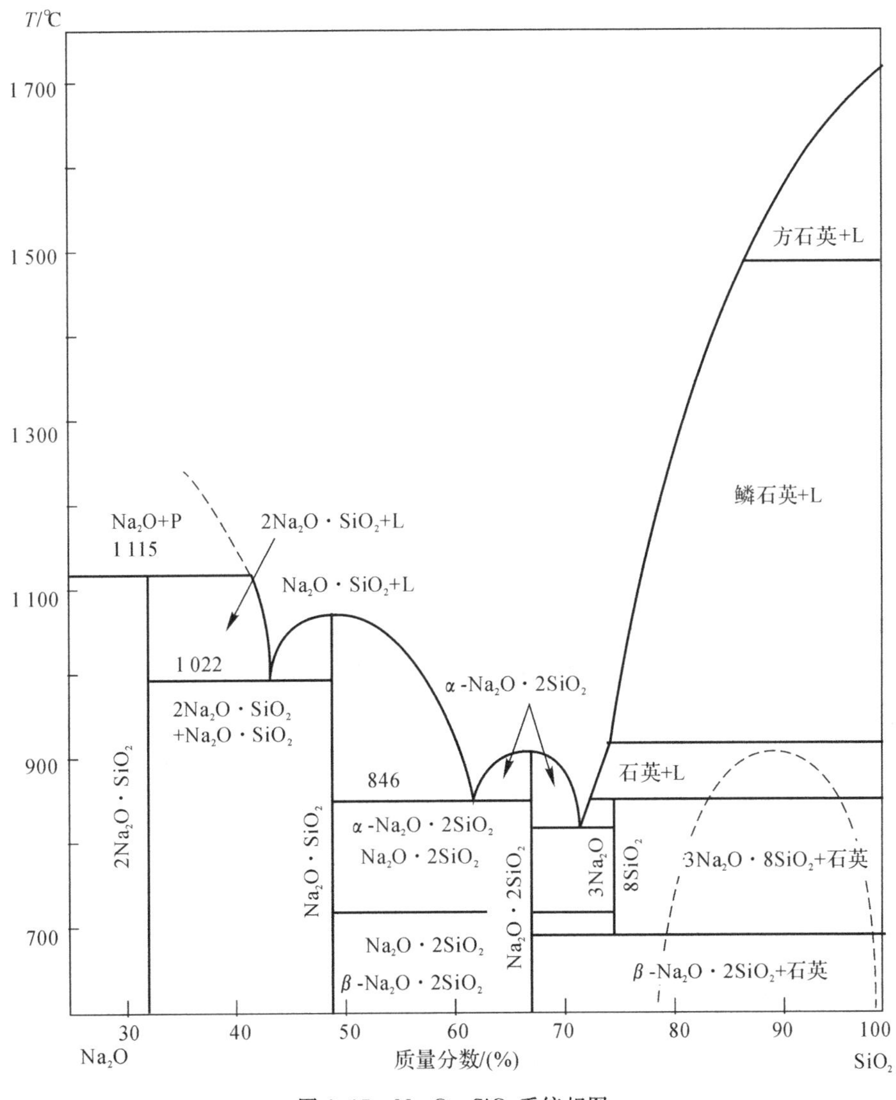

图 2.17　Na_2O-SiO_2 系统相图

2.13.3　实验装置

高温炉、温度控制器、铂装料斗及其熔断装置、偏光显微镜一套等，如图 2.18 所示。

熔断装置为把铂装料斗挂在一细铜丝上，铜丝接在连着电插头的两铁钩之间，欲淬冷时，将电插头接触电源，使发生短路的铜丝熔断，样品掉入水浴中淬冷。

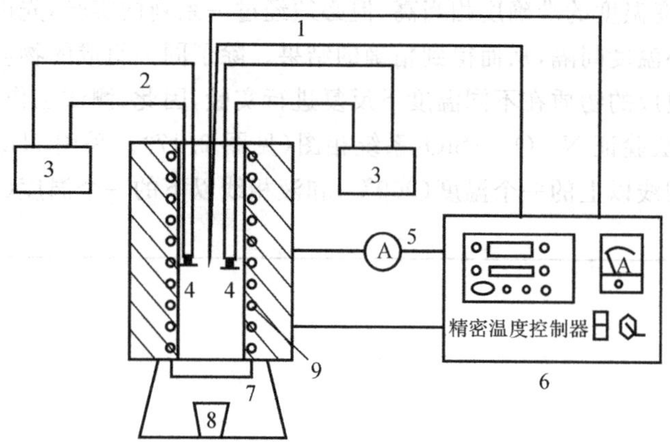

图 2.18 仪器装置示意图

1—热电偶；2—熔断装置；3—电插销；4—铂装料斗；5—电流表；
6—温度控制器；7—电炉底盖；8—水浴杯；9—高温炉

2.13.4 实验步骤

(1)按 Na_2O : SiO_2 =1 : 2 的摩尔组成计算 Na_2O 和 SiO_2 的重量百分数，以 Na_2CO_3 和 SiO_2 进行配料，混合均匀后，重复进行 3 次熔化、冷却、细磨的过程，以求得充分均匀的样品。

(2)将炉温升到高于该组成的液相线温度(900℃)，把盛有约 0.02g 样品的铂金装料斗用吊丝吊入炉中，盖好炉门。在该温度下保温 40min 后，打开炉门，把熔断装置的电插头接触电源，注意稍一接触即可，使铜丝熔断，使样品掉入水浴中淬冷。

(3)取下淬冷后的样品，在捣碎器内砸成粉末(注意不能研磨)，作成油浸试片，在偏光显微镜下，观察试样的物相，并与图 2.17 比较。

(4)将炉温降至组成点液相线以下，低共熔点以上的温度(820℃)，重复步骤(2)(3)。

(5)将炉温降至低共熔点温度以下(770℃)，重复步骤(2)(3)。

2.13.5 实验结果处理

根据观察结果，结合 Na_2O-SiO_2 系统相图(见图 2.17)，写出实验报告。

2.13.6 思考题

(1)用淬冷法测定相平衡有什么优缺点？

(2)用淬冷法如何确定相图中的液相线和固相线？

(3)如何鉴定样品内是否出现了晶相？

实验 14 相变实验

2.14.1 实验目的

(1)了解在一定温度下，熔体内部从一相的原始状态产生成核-生长相变的过程。

(2)从本实验的相变过程，掌握其相变的本质。

2.14.2 实验原理

相变过程在无机非金属材料工业中十分普遍，例如陶瓷、耐火材料的烧成和重结晶，玻璃中防止失透或控制结晶来制造各种微晶玻璃；单晶、多晶和晶须中采用的液相和气相外延生长；瓷釉、搪瓷和各种复合材料的熔融和析晶；新型铁电材料中由自发极化产生的压电、热释电、光电效应等。相变的基本理论对获得特定性能的材料和制定合理工艺过程是极为重要的。

相变是指单一均匀相在温度、压力等条件改变时，系统自由焓发生变化，其结构也发生变化，从而产生新相。相自由焓及相结构改变的过程叫相变。

成核-生长相变是高温熔体内的原子、分子由于热运动(布朗运动)，使原子、分子及其分子团相互撞击，不断聚集，不断分解，在一定温度 T_G(转变温度)下，聚集的原子群超过某一临界尺寸后就能稳定存在，不再分解。具有临界尺寸的原子集团，即为形成新相的的核坯，此过程即为成核。在合适的温度下该核坯超过临界尺寸后进一步长大形成一定尺寸的晶体，这就是生长过程。总括称之为成核一生长相变。

本实验通过以下两种方法进行观察：

(1)将 SiO_2，B_2O_3，Na_2O 粉体，按 75%：20%：5%的质量比，混合、球磨、过 250 目筛，干燥，放入刚玉坩埚内在 1 350℃下熔化，倒出形成玻璃。选择分相温度 600℃，在此温度下保温 1h，使其分相，这时玻璃内部分成两相：一相是纯 SiO_2 相，另一相是 $Na_2O+B_2O_3$ 相。用盐酸处理，可以把 Na_2O 全部萃取出来。留下的是含有尺寸为 40～150Å 的多孔玻璃，用钢笔水涂之，颜色就会附着上去。学生可做盐酸浸泡、取出后用钢笔水涂，观察浸泡前后钢笔水附着情况。也可以磨片，进行显微镜观察：气孔网络部分为 $Na_2O+B_2O_3$ 相，其他部分为纯 SiO_2 相。

(2)选择一个结晶釉的配方，如熔块 100 份，氧化锌 10 份，氧化钛 10 份，高岭土 3 份，氧化铜 4 份。加水 45%、混合、球磨、过 250 目筛，然后在釉面砖素坯上涂上结晶釉浆，一定温度(1 150～1 200℃)下烧成、保温 1h，取出，观察其晶花的大小、形态。同时，还可以在不同的温度下比较晶花的大小。同样，也可以磨片，进行显微镜观察：形成晶花的晶体部分和釉中的玻璃相部分。

此方法应注意的几点：

(1)硅酸盐物系熔融通常须加热到较高温度(超过熔点温度)进行保温，使组分充分混合均匀而熔化，然后从坩埚倒出冷却形成玻璃。

(2)炉温的控制是非常重要的，因此一般应该采用灵敏的自动定温控制器，利用调节输入功率，使发热和炉体散热达到平衡来获得稳定的温度条件。

(3)试样要达到均匀，否则影响结果。要把试样经过混合、熔融、冷却、磨细后再熔融、冷却，然后再反复磨细 3 次。

2.14.3 实验原料及仪器装置

SiO_2粉体、B_2O_3粉体、Na_2O 粉体；结晶釉粉体、釉面砖素坯；10%的聚乙烯醇(聚合度 1500)水溶液；高铝球磨罐、高铝球；干燥用搪瓷盘及干燥箱；高温电炉(1300℃以上)；梯温电炉或管式电炉；高铝坩埚；金相显微镜。

2.14.4 实验步骤

1. 玻璃微孔颜色附着

(1)取一块事先做好的 $Na_2O-B_2O_3-SiO_2$ 玻璃，切成薄片，在600℃下保温1h，使其分相。

(2)冷却后取出，放入盐酸内浸泡。

(3)浸泡不同的时间取出，干燥，涂色，观察色彩附着程度。

2. 结晶釉析晶

(1)取少量结晶釉粉体，放入研钵内，加入少量10%的聚乙烯醇（聚合度1500）水溶液，研细；

(2)在釉面砖素坯上涂上结晶釉浆，要求均匀而有一定厚度；

(3)在不同温度下保温4～6h，淬冷，观察其晶花大小和形态。

2.14.5 结果分析与讨论

(1)运用所学的理论对观察的实验结果进行分析、讨论，总结影响析晶的因素，如温度、保温时间等。

(2)写出实验报告。

2.14.6 思考题

(1)温度与时间是如何影响陶瓷釉的析晶数量和晶粒尺寸的？

(2)试样的均匀性对测试结果有何影响？

实验 2.15 固相反应

2.15.1 实验目的

(1)了解失重法原理，掌握采用失重法研究固相反应的方法。

(2)通过 $Na_2CO_3-SiO_2$ 系统的反应验证固相反应的动力学规律——杨德尔方程。

(3)通过作图，计算出反应的速度常数和反应的表观活化能。

2.15.2 实验原理

固相反应，广义地讲就是固态反应物在高温下经一系列物理化学变化而生成固态产物的过程。固相反应普遍存在于传统及新型无机材料等生产的高温过程中。研究固相反应将大大有助于对无机材料系统中固态物质之间相互扩散、形成固溶体以及各物质的固态分解、相变、氧化还原等过程进行深入了解，因此研究固体之间反应的机理及动力学规律，对传统和新型无机非金属材料的生产有重要的意义。

固体材料在高温下加热时，由于其中的某些组分分解生成气体而逸出，或者固体之间相互作用使固体物系的质量发生变化，如盐类分解、含水矿物的脱水、有机质的燃烧等会使物系质量减轻，而高温氧化、反应烧结等则会使物系的质量增加。热重分析（Thermo-Gravimetry,

TG)法及微商热重法(Derivative Thermo Gravimetry，DTG)法就是在程序控制温度下测量物质的重量(质量)与温度关系的一种分析技术。所得到的曲线称为 TG 曲线(即热重曲线)，TG 曲线以质量为纵坐标，以温度或时间为横坐标。微商热重法所记录的是 TG 曲线对温度或时间的一阶导数，所得的曲线称为 DTG 曲线。热重分析仪常与微分装置联用，可同时得到 TG－DTG曲线。通过测量物系质量随温度或时间的变化揭示固体物系反应的机理以及反应动力学规律。

从反应机理分类，固相反应一般分为扩散速度控制反应过程、化学反应速度控制过程、晶核成核速率控制过程以及升华控制过程等等。在无机材料制备中的固相反应大都属于扩散控制过程。

固相反应属于非均相反应，描述其动力学规律的方程通常采用转化率 G(已反应的反应物量与反应物原始重量的比值)与反应时间 τ 之间的关系来表示。

杨德尔从扩散观点推导出的扩散动力学方程为

$$[1-(1-G)^{1/3}]^2=K_J\tau$$

式中：K_J—— 速度常数；

G—— 转化率；

τ—— 时间。

转化率 G 的测定视具体反应而定。本实验测定 $Na_2CO_3-SiO_2$系统的固相反应速度，采用失重法(适用于反应中有质量变化的系统)或量气法(适用于有气体产物逸出的系统)。本实验采用失重法，即在给定温度下，测出不同失重量所需的时间，反应方程式为：$Na_2CO_3+SiO_2\Longleftrightarrow Na_2SiO_3+CO_2(g)$，在反应进行的过程中，在某一温度下随时间的延长，$Na_2SiO_3$量增多，生成的 CO_2气体量也增多，如测得系统各时间下失去的 CO_2的重量，则可先计算各时间对应的转化率 G，再根据杨德尔公式求出$[1-(1-G)^{1/3}]^2-\tau$ 的关系曲线，进而求出反应速度常数 K_J。

固相反应速度常数 K_J与固相反应温度 T 的关系服从阿累尼乌斯方程：

$$\ln K_J=A-Q/RT$$

式中：A—— 常数；

Q—— 相应的固相反应表观活化能；

T—— 反应温度；

R—— 气体常数。

通过测定不同温度下的反应速度常数，由上式可求其固相反应的表观活化能。

2.15.3　实验仪器及药品

本实验采用如图 2.19 所示装置系统，故需热天平(见图 2.20)、分析天平、白金坩埚、镊子、石英粉(SiO_2质量分数>99%)、碳酸钠(化学纯)。

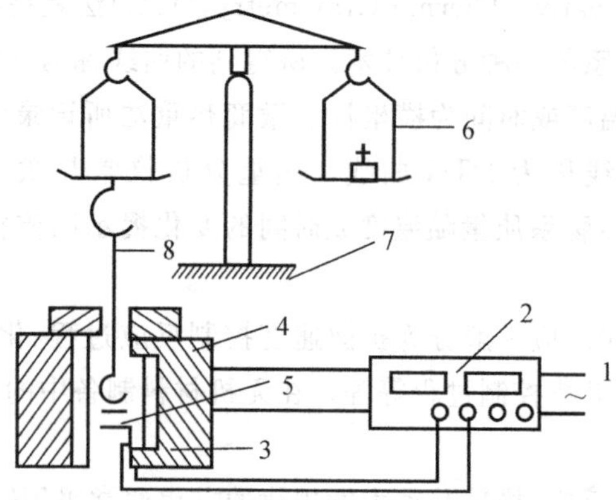

图 2.19　失重法测定固相反应转化率原理图

1—电源；2—温度控制器；3—热电偶；4—管式电炉；
5—白金坩埚；6—热天平；7—桌面；8—白金丝

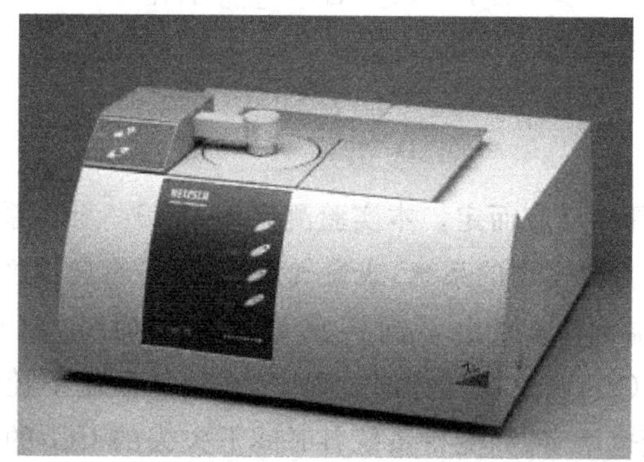
图 2.20　德国耐驰 TG209F1 热天平

2.15.4　实验步骤

1. 样品制备

(1)将 Na_2CO_3(化学纯)和 SiO_2(质量分数为 99.9 %)分别在玛瑙研钵中研细,过 250 目筛。

(2)SiO_2的筛下料在空气中加热至 800℃,保温 5 h,Na_2CO_3筛下料在 200℃烘箱中保温 4 h。

(3)把上述处理好的原料按 Na_2CO_3 ∶ SiO_2 = 1∶1 的物质的量比配料,混合均匀,烘干,放入干燥器内备用。

2. 测试步骤

(1)开冷却水龙头,水量应适中。

(2)接通电炉电源,按预定的升温速率升温,大约 10～20℃/min,达到 700℃时保温 5 min 后待测。

(3)称量样品,记录天平零点读数;铂金坩埚放入热天平左盘,记录读数;取出坩埚,装入大约 0.5 g 的样品,再记录天平读数。

(4)将装有样品的坩埚挂在热天平的挂钩上，提升电炉至限位点后固定住电炉。

(5)坩埚置入炉内的同时记录时间，以后每隔 30s 记录一次时间和重量，直到失重停止。

(6)取出坩埚，倒出废样，重新装样，进行 750℃的测试。

(7)实验完毕，取出坩埚，将实验工作台物品复原。

2.15.5　实验结果与处理

(1)记录不同时间 τ 下的失重，并将失重换算成转化率 G，将数据记入表 2.13 中。

表 2.13　实验数据记录

反应时间 τ / min	坩埚与样品重量 W_1/g	CO_2 累计失重量 W_2/g	Na_2CO_3 转化率 G	$[1-(1-G)^{1/3}]^2$	K_J

(2)以$[1-(1-G)^{1/3}]^2-\tau$ 作图，通过直线斜率求出反应的速度常数 K_J，通过 K_J 求出反应的表观活化能 Q 。

(3)分析实验误差对结果的影响。

2.15.6　思考题

(1)温度对固相反应速率有何影响？其他影响因素有哪些 ？

(2)本实验中失重规律是什么？请给予解释。

(3)影响本实验精度的因素有哪些 ？

实验 2.16　烧结动力学实验

2.16.1　实验目的

(1)通过陶瓷坯体烧结实验了解烧结时坯体的变化过程。

(2)掌握烧结原理，并运用实验方法研究不同材料的烧结机理及动力学关系。

2.16.2　实验原理

烧结是粉末冶金、陶瓷、耐火材料、超高温材料等生产过程的一个重要工序。任何粉体经成形后必须烧结才能赋予材料各种特殊的性能。陶瓷烧结体是一种多晶材料，材料性能不仅与材料组成有关，而且还与材料的显微结构有密切关系。在配方、原料粒度、成形等工序完成以后，烧结是使材料获得预期的显微结构以使材料性能充分发挥的关键工序。因此，了解烧结过程及机理，了解烧结过程动力学对控制和改进材料性能有着十分重要的意义。

烧结是固体粉状制品在低于其熔点的温度下，内部质点在迁移、充填气孔而达到致密化的过程。伴随这一过程，制品表现出强度增加、密度提高等宏观性能的变化。烧结的机理是很复杂的，不同的无机材料试样在烧结时，由于传质方式和传质速率不同，因而表现出来的宏观性能变化规律也就不同。所以由试样的性能随时间、温度的变化规律可对其烧结机理有所了解。

基于烧结过程中晶粒以及气孔的形状与尺寸的变化，将烧结过程划分为初期、中期和后期三个阶段。烧结初期一般是指颗粒和空隙形状未发生明显变化阶段。烧结初期的理论和模型非常多，基于双球模型，在烧结初期，固态球型颗粒表面与其颈部区域间的化学位的差值提供了传递物质的推动力。烧结初期物质迁移可通过体积扩散或沿表面、界面或位错处等多种途径扩散。

Kingery 采用双球模型，对于体积扩散、表面扩散或晶界扩散，推导出了一个烧结动力学方程：

$$\left(\frac{\Delta L}{L}\right)^{p}=K\tau$$

式中：$\frac{\Delta L}{L}$—— 烧结收缩率；

K—— 烧结速度常数，它取决于烧结温度和坯体的本征性质；

τ—— 烧结时间；

p—— 时间常数，它的值与具体烧结机理有关，当 $p=2\sim2.5$ 时为体积扩散，$p\approx3$ 左右时为界面扩散。

方程两边取自然对数，得

$$\lg(\Delta L/L)=(1/p)\lg\tau+(1/p)K=(1/p)\lg\tau+k'$$

在一定的温度下，测定不同时间成形坯体的收缩，测得的数据以 $\lg(\Delta L/L)$ - $\lg\tau$ 作图，应得一条直线，图中的直线斜率为 $1/p$（斜率不随温度变化），截距为 k'（截距随烧结温度的升高而增加）。由此可以求出 p 值和 K。

烧结速度常数 K 与烧结温度 T 的关系服从阿累尼乌斯方程：

$$\ln K=A-Q/RT$$

式中：A—— 常数；

Q—— 相应的烧结过程活化能；

T—— 烧结温度；

R—— 气体常数。

通过测定不同温度下的烧结速度常数，由上式可求其烧结活化能。

实验可以通过高温影像式烧结点实验仪来进行测定。它可使实验者在镜屏上清晰地看到试样在高温情况下的体积变化情况，并可得知各种情况发生时的相应温度，从而测得不同温度下的线收缩率，将 $\ln K$ 与 $1/T$ 作图，并进行线性回归分析，即可获得速度常数 K、时间常数 p 和烧结活化能 Q。

2.16.3 实验仪器与原料

(1)高温影像式烧结点实验仪（见图 2.21、图 2.22）；

(2)干燥用搪瓷盘及干燥箱；

(3)Φ5 mm 的成型模具；

(4)手动压力机 ；

(5)高铝球磨罐、高铝球；

(6)取样铁钳、钢丝锯条、细砂纸；

(7)高铝瓷托管；

(8)低温烧结用陶瓷粉；10%的聚乙烯醇(聚合度 1 500)水溶液或糊精粉；石英粉或 Al_2O_3 粉。

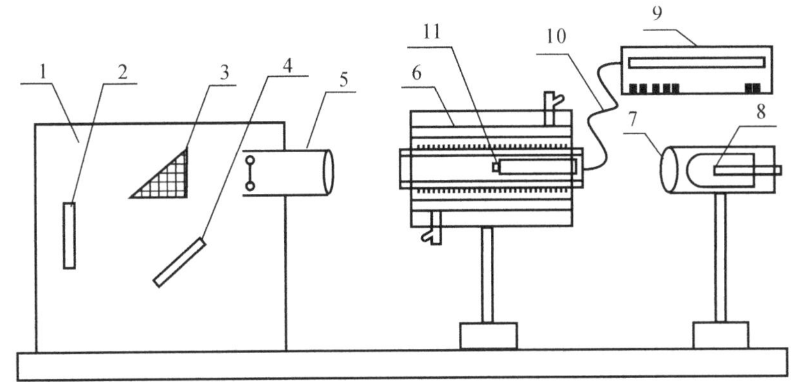

图 2.21 高温影像式烧点实验仪

1—投影装置；2—投影屏；3—棱镜；4—平面反射镜；5—投影物镜筒；6—钼丝炉；7—聚光镜片；8—光源灯泡；9—XCT—161 动圈仪表；10—热电偶；11—试样

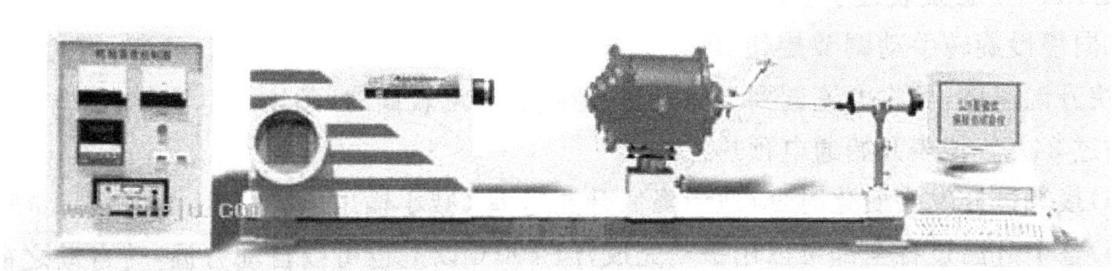

图 2.22 高温影像式烧结点实验仪

2.16.4 实验步骤

(1)将表面光洁、干燥的成形试样(Φ5mm×4～6mm)放在试样底板上(高温下熔融的试样底板上须铺一薄层的 Al_2O_3 粉,)。

(2)打开光源开关,通过调节炉子的位置使试样成像在显示屏中央(见图 2.23),炉子可上下、左右、倾斜多方向调节,同时移动调焦镜头,使成像边缘清晰可见,同时记录试样尺寸及位置。

升温过程中,不观察时关掉电源,升温中不能盖上镜头盖以免烧坏,但平时应盖上。

(3)打开水、氩气开关,给炉子通上冷却水、保护气体(加热炉的钼丝高温下极易氧化)。氩气连接线路如图 2.24 所示。排出氩气的管口要求距水面 15～20mm。在刚开始升温的十几分钟内，应将氩气的流量调到 40 刻度处，之后可减少氩气到 20 刻度处，直到实验结束，将电炉温度降至室温为止。

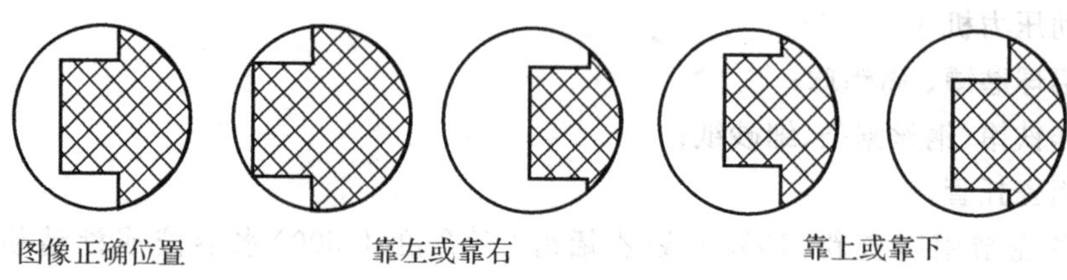

图 2.23 试样成像图

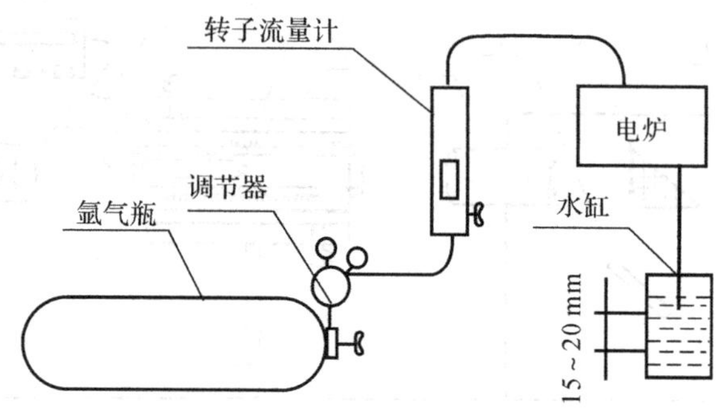

图 2.24 氩气连接线路图

为保证炉内密封材料不受损坏，升温时要接通循环冷却水，高温时，水量要大，使出水温度保持在 50℃左右，直到实验结束，将电炉降至室温为止。

(4)ZH—1 触发表处于手动位置且手动调节旋扭反时针关到最小的状态下，打开电源，顺时针方向慢慢旋转手动调节旋钮，使电炉电流在 10A 左右预热 5 min。然后，可慢慢增大电流，加快升温速度，可将电流调到 19A，保持稳定。温度较高时，须增加电压，加大电流，但最大不得超过 24A。仪表开始通电预热。

(5)接近试样发生变化时，应适当降低升温速率（减小输出电流）。

(6)整个升温过程全部可以用手动完成，但 700℃以上也可以自动升温，转自动之前，应将升温曲线及相关参数设定好。参数设定好以后，启动程序升温。

(7)按给定升温制度加热至 900℃，保温。

(8)将试样送至炉中，迅速记录试样尺寸及位置，开始计时，

(9)每隔 5min 观察记录坯体的宽度的尺寸，根据坯体性质的不同测定时间可以为 1～2h。

(10)再升温至 1 200℃，保温，用另一试样重复步骤 8 和 9。

(11)实验完成后，应将 HPL 下调到零，停止曲线运行。ZK—1 表拨到手动，手动调节旋扭处于关闭状态。炉温降到 200℃以下时才能关掉水气。

2.16.5 实验注意事项

(1)试样为塑性瓷泥制成的小圆柱，经烘干并在 500℃预烧 1 h。

(2)钼丝冷态时，电阻很小，电流过大易受到冲击，请用手动慢慢增加，否则会烧坏钼丝和电器元件。

(3)升温过程中必须有水和氩气保护。

2.16.6　实验结果与处理

(1)在一定的温度下测定不同烧结时间时成形坯体的收缩尺寸,测得的数据以 $\ln(\Delta L/L_0)$-$\ln\tau$ 作图,求出 p 值和 K。对实验数据进行整理计算,分析该坯料的烧结机理。

(2)根据不同温度下的实验数据求出活化能 Q。

(3)分析、讨论实验结果。总结坯体的烧结规律,分析影响烧结的因素,如温度、保温时间等。

2.16.7　思考题

(1)讨论本实验的烧结传质方式是什么?

(2)影响烧结的因素有哪些?

(3)为什么烧结实验必须在恒定温度下进行?

第 3 章　无机材料工程基础实验

无机材料工程基础是无机非金属材料专业的一门重要基础理论课程，主要介绍无机非金属材料工程领域中的共性基础理论——动量、能量和质量传递的基本规律，以及上述理论在无机非金属材料中典型运用的单元过程——物料的干燥和燃料的燃烧。

无机材料工程基础实验的目的是使学生通过实验巩固材料工程基础方面的基本理论知识，掌握其实际生产控制、技术开发与科学研究中相关基本参数的测量原理和方法，了解材料工程基本操作单元的工作原理，通过实验培养学生从事实验研究的能力，包括分析和观察实验现象的能力、正确选择和使用测量仪表的能力、实验数据的分析和处理的能力以及运用文字表达技术报告的能力。通过实验还可以培养学生实事求是、严肃认真的科学态度和一丝不苟的工作作风，使学生在科学方法上得到初步训练。

无机材料工程基础实验共选编实验项目 14 个，包括 5 个流体力学实验，4 个传热、传质实验，1 个干燥过程实验以及燃料燃烧实验 4 个。每个实验项目由实验目的、实验原理、实验装置、实验步骤、实验注意事项、实验结果及数据处理、思考题等组成。

实验 3.1　伯努利方程实验

3.1.1　实验目的

(1)熟悉流体流动中各种能量和压头的概念及其相互转换关系，在此基础上掌握伯努利方程。

(2)加深对流体流动过程基本原理的理解。

3.1.2　实验原理

对于不可压缩流体，在导管内作稳定流动，由于管路条件改变(如位置高低、管径大小、距离远近)，引起各种机械能之间的自行转化，其关系可由流动过程中能量衡算式 —— 伯努利方程式 —— 描述，若以单位质量流体为衡算基准，则对确定的系统即可列出伯努利方程：

$$gZ_1+\frac{u_1^2}{2}+\frac{p_1}{\rho}=gZ_2+\frac{u_2^2}{2}+\frac{p_2}{\rho}+\sum h_f \tag{3.1}$$

若以单位重量流体为衡算基准时，则又可表达为

$$Z_1+\frac{u_1^2}{2g}+\frac{p_1}{\rho g}=Z_2+\frac{u_2^2}{2g}+\frac{p_2}{\rho g}+\sum H_f \tag{3.2}$$

不可压缩流体的机械能衡算方程，应用于各种具体情况下的作适当的简化，例如：

(1) 当流体为无黏性的理想液体时，式(3.1) 和(3.2) 可简化为

$$gZ_1+\frac{u_1^2}{2}+\frac{p_1}{\rho}=gZ_2+\frac{u_2^2}{2}+\frac{p_2}{\rho} \tag{3.3}$$

$$Z_1+\frac{u_1^2}{2g}+\frac{p_1}{\rho g}=Z_2+\frac{u_2^2}{2g}+\frac{p_2}{\rho g} \tag{3.4}$$

(2) 当液体流经的系统为一水平装置的管道时，则式(3.1)、式(3.2)又可简化为

$$\frac{u_1^2}{2}+\frac{p_1}{\rho}=\frac{u_2^2}{2}+\frac{p_2}{\rho}+\sum h_f \tag{3.5}$$

$$\frac{u_1^2}{2g}+\frac{p_1}{\rho g}=\frac{u_2^2}{2g}+\frac{p_2}{\rho g}+\sum H_f \tag{3.6}$$

(3) 当流体处于静止状态时，则式(3.1)、式(3.2)又可简化为

$$gZ_1+p_1/\rho=gZ_2+p_2/\rho+\sum h_f \tag{3.7}$$

$$Z_1+p_1/\rho g=Z_2+p_2/\rho g+\sum H_f \tag{3.8}$$

式中：Z—— 流体的位压头，m；

p—— 流体的压强，Pa；

u—— 流体的平均流速，m/s；

ρ—— 流体的密度，kg · m^{-3}；

$\sum h_f$，$\sum H_f$—— 流动系统内因阻力造成的能量损失，J · kg^{-1}；

1，2—— 系统的进口和出口两个截面。

上述几种机械能都可以用测量管中的一段流体柱的高度来表示，该流体柱高度称为“压头”。表示位能的，称为“位压头”；表示动能的，称为“动压头”；表示压力能的，称为“静压头”；消失的机械能称为损失压头。

选好基准面，从已设置的各截面读出相应的数据，就可以得到各截面的测管水头和总水头。

3.1.3 实验装置

本实验装置主要由实验导管、稳压溢流水槽和三对侧压管所组成。实验导管为一水平装置的变径圆管，沿程分三处设置测压管。每处测压管有一对并列的测压管组成，分别测量该截面处的静压头和动压头。实验装置的流程如图 3.1 所示。液体由稳压水槽流入实验导管，途经变直径的管子，最后排出设备。流体流量由出口调节阀调节。如图 3.2 所示为伯努利试验仪。

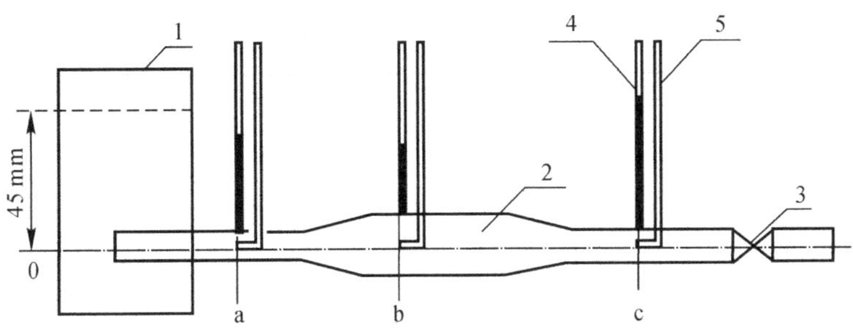

图 3.1　伯努利方程实验装置图

1—稳压水槽；2—实验导管；3—出口调节阀；4—静压头测量管；5—动压头测量管

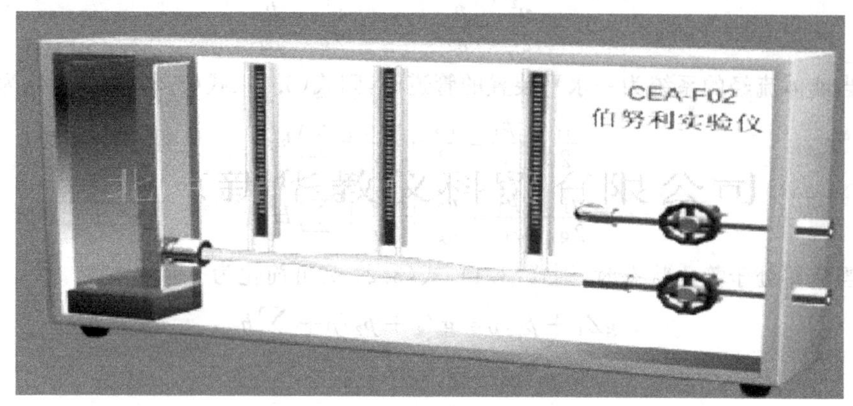

图 3.2 CEA－F02 伯努利试验仪

3.1.4 实验步骤

(1)缓慢开启进水阀,将水充满稳压溢流水槽,并保持有适量流水流出,使槽内液面平稳不变,设法排尽设备内的气泡。

(2)关闭实验导管出口调节阀,观察和测量液体处于静止状态下个测试点 a,b 和 c 三点的压强。

(3)开启实验导管出口调节阀,观察比较液体在流动情况下测试点的压头变化。

(4)缓慢开启实验导管的出口条件阀,测量流体在不同流量下的各测试点的静压头、动压头和损失压头。

(5)实验完毕整理实验设备,保持整洁。

3.1.5 实验数据及处理

1. 测量并记录实验基本参数

实验导管内径:d_a = ______ mm;d_b = ______ mm;d_c = ______ mm;

实验系统的总压头:h = ____ mmH_2O;温度 T = ____ ℃;密度 ρ = ______ kg · m^{-3}。

2. 实验数据表

将实验数据填入表 3.1 中。

表 3.1 实验数据表

序号	静压头 /mmH_2O			静压强 /Pa			动压头 /mmH_2O			流速 /(m · s^{-1})			压头损失 mmH_2O		
	$\frac{p_a}{\rho g}$	$\frac{p_b}{\rho g}$	$\frac{p_c}{\rho g}$	p_a	p_b	p_c	$\frac{u_a^2}{2g}$	$\frac{u_b^2}{2g}$	$\frac{u_c^2}{2g}$	u_a	u_b	u_c	$H_{f(1-a)}$	$H_{f(1-b)}$	$H_{f(1-c)}$
1															
2															
3															

3.1.6　实验注意事项

(1)实验前一定要将实验导管和测压管中的空气泡排除干净,否则会影响准确性。

(2)开启进水阀或调节阀时,一定要缓慢,并随时注意设备内的变化。

(3)实验过程中须根据测压管量程范围,确定最小和最大流量。

(4)为观察测压管的液柱高度,可在临实验测定前,向各测压管滴入几滴红墨水。

3.1.7　思考题

(1)如何将实验导管和测压管中的空气排干净？分析未将空气排净对实验的影响。

(2)在开启进水阀和实验导管出口调节阀时,为何一定要缓慢调节阀的开启度?

(3)为什么实验要保持在恒水位条件下进行?

实验 3.2　雷 诺 实 验

3.2.1　实验目的

(1)观察水在光滑圆管中流动时呈现的不同流线型态,层流、紊流以及层流向紊流过渡。

(2)掌握判别流动状态的无因次数——雷诺准数的测定方法,并测定临界雷诺数。

3.2.2　实验原理

1883 年英国科学家雷诺(Osbome Reynolds)在其著名的雷诺实验中揭示了流体流动存在两种性质不同的形态——层流和紊流。流体在流动过程中,由于流动条件的不同,流体质点运动的轨迹也不相同。若流体质点只作沿流动方向的直线运动,而无横向运动,这种流线族呈平行的流动状态,称为层流。若流体质点作复杂的无规则运动,这种流动状态称为紊流。从层流到紊流之间称为过渡状态。雷诺通过大量实验得出判断层流和紊流的标准——临界雷诺数。雷诺准数以 Re 表示:

$$Re=\frac{u\rho d}{\mu}=\frac{ud}{\nu} \tag{3.9}$$

式中:u —— 流体在管内的平均流速,m/s;

ρ—— 流体的密度,kg/m^3;

d—— 管道直径,m;

μ—— 流体的动力黏度,Pa・s;

ν—— 流体的运动黏度,m^2/s。

流体的流动从一种状态转变为另一种状态时的雷诺准数,称为临界雷诺准数,以 Re_c 表示。由层流转变为紊流时的临界雷诺准数称为上临界雷诺数,以表示 $Re_{c上}$,由紊流转变为层流时的临界雷诺准数称为下临界雷诺数,以 $Re_{c下}$ 表示。

对于管流:

$$Re_{c下}=2\ 000\sim2\ 300,\quad Re_{c上}=8\ 000\sim13\ 800$$

当 $Re<Re_{c下}$ 时,流动为层流流动;当 $Re>Re_{c上}$ 时,流动为紊流流动;当 $Re_{c下}<Re<Re_{c上}$

时，流动处于过渡态。

根据大量实验资料，下临界雷诺数是一个相当稳定的数值，约为 2 300，因此在工程上都采用下临界雷诺数作为判别流动型态的标准。

3.2.3 实验装置

实验装置如图 3.3 所示。

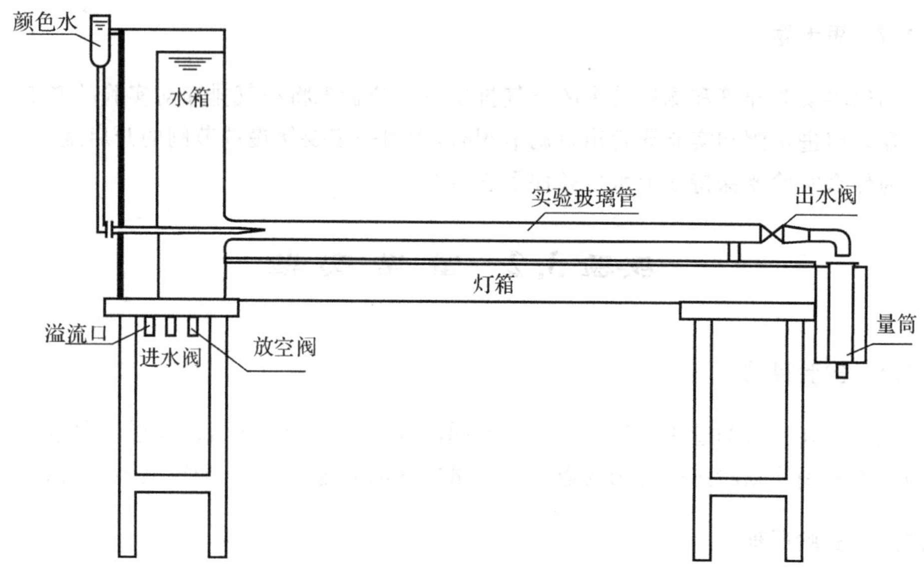

图 3.3 雷诺实验装置图

3.2.4 实验步骤

(1)开动水泵，打开水箱的进水口开关，水箱装水到溢流高度，排尽玻璃管内空气泡待水箱内水静止数分钟后开始实验。

(2)慢慢打开调速阀门，让水在管内低速流动，同时打开有色液瓶开关，注意观察，当流动为层流时，有色溶液在水中呈直线前进。

(3)逐渐放开调速阀门以增大流速。有色液线将随着水速的增加而由直线变成波浪状，以至波浪振幅逐渐增大直到消失。当增大水的流出速度到有色液线开始变为波浪状时，用秒表、烧杯或量筒仔细测定此情况下的水量。由测量数据可用下式计算出水在管内的平均速度。

$$u_0 = \frac{V}{F\tau}$$

式中：V—— 流出水的体积，m^3；

F—— 玻璃管截面积，m^2；

τ—— 流出 $V m^3$ 体积水所用时间，s。

从而求得上临界雷诺数。关闭调速阀门，重复上述步骤，反复操作 2～3 次，求其平均值，算出 $Re_{c上}$。

(4)在紊流情况下，慢慢关小调速阀门，直到有色线变成波浪状时，测定流量及时间，算出下临界雷诺数，重复 2～3 次，取平均值，得出 $Re_{下}$。

3.2.5　实验数据记录

1. 测量并记录实验基本参数

水温 $t=$______℃，　　水的运动黏度 $\nu=$______ m^2/s

玻璃管直径 $d=$______ mm，　　玻璃管截面积 $F=$______ m^2。

水的运动黏度列于表 3.2 中。

表 3.2　水的运动黏度

温度/℃	0	5	10	15	20	25	30	35	40
$\nu/(\times 10^6 m^2 \cdot s^{-1})$	1.798	1.535	1.300	1.146	1.006	0.884	0.805	0.725	0.659

2. 实验数据记录及处理

将实验数据填入表 3.3 中。

表 3.3　实验数据记录表

<table>
<tr><th colspan="2" rowspan="2">序号</th><th rowspan="2">V/mL</th><th rowspan="2">τ/s</th><th rowspan="2">$u_0/(m \cdot s)$</th><th colspan="2">Re</th><th colspan="2">流动形态</th></tr>
<tr><th>Re</th><th>平均值</th><th>实际观察到的流动形态</th><th>根据 Re 做出的判断</th></tr>
<tr><td rowspan="3">$Re_{c上}$</td><td>1</td><td></td><td></td><td></td><td></td><td rowspan="3"></td><td rowspan="6"></td><td rowspan="6"></td></tr>
<tr><td>2</td><td></td><td></td><td></td><td></td></tr>
<tr><td>3</td><td></td><td></td><td></td><td></td></tr>
<tr><td rowspan="3">$Re_{c下}$</td><td>1</td><td></td><td></td><td></td><td></td><td rowspan="3"></td></tr>
<tr><td>2</td><td></td><td></td><td></td><td></td></tr>
<tr><td>3</td><td></td><td></td><td></td><td></td></tr>
</table>

3.2.6　思考题

(1)分析影响流动状态的因素，可否用流速来判别流动状态，为什么？

(2)影响流体流动型态的因素有哪些？

(3)研究流动状态有何意义？

(4)如果管子是不透明的，不能用直接观察来判断管中的流体流动形态，你认为可以用什么方法来判断？

实验 3.3　流体静力学实验

3.3.1　实验目的

(1)掌握用测压计测量流体静压强的方法。

(2)验证不可压缩流体静力学方程,加深对位置水头、压力水头和测压管水头的理解。

(3)观察真空度(负压)的产生过程,进一步加深对真空度的理解。

(4)测定油的相对密度。

3.3.2 实验原理

在重力作用下不可压缩流体静力学基本方程

$$z+\frac{p}{\gamma}=\text{const} \tag{3.10}$$

或

$$p=p_0+\gamma h \tag{3.11}$$

式中:z—— 被测点在基准面以上的位置高度;

p—— 被测点的静水压强,用相对压强表示,以下同;

p_0——水箱中液面压强;

γ—— 液体重度;

h—— 被测点的液体深度。

对装有水和油的U形测压管(见图3.4),油柱高度为H,油的相对密度d_0可应用等压面原理推导如下:

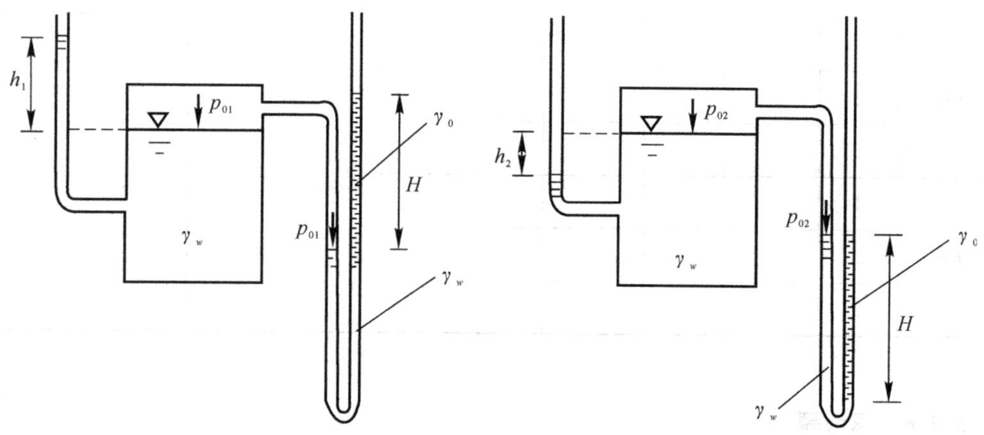

图3.4 油的相对密度测定原理图

当U形管中水面与油水界面齐平时,取其顶面为等压面,有

$$p_{01}=\gamma_w h_1 \tag{3.12}$$

$$p_{01}=\gamma_0 H \tag{3.13}$$

当U形管中水面和油面齐平时,取其油水界面为等压面,则有

$$p_{02}=-\gamma_w h_2 \tag{3.14}$$

$$p_{02}+\gamma_w H=\gamma_0 H \tag{3.15}$$

由以上4式联解可得

$$d_0=\frac{\gamma_0}{\gamma_w}=\frac{h_1}{h_1+h_2} \tag{3.16}$$

据此可通过测压管2直接测得油的相对密度d_0。

3.3.3　实验装置

本实验的装置如图 3.5 所示。

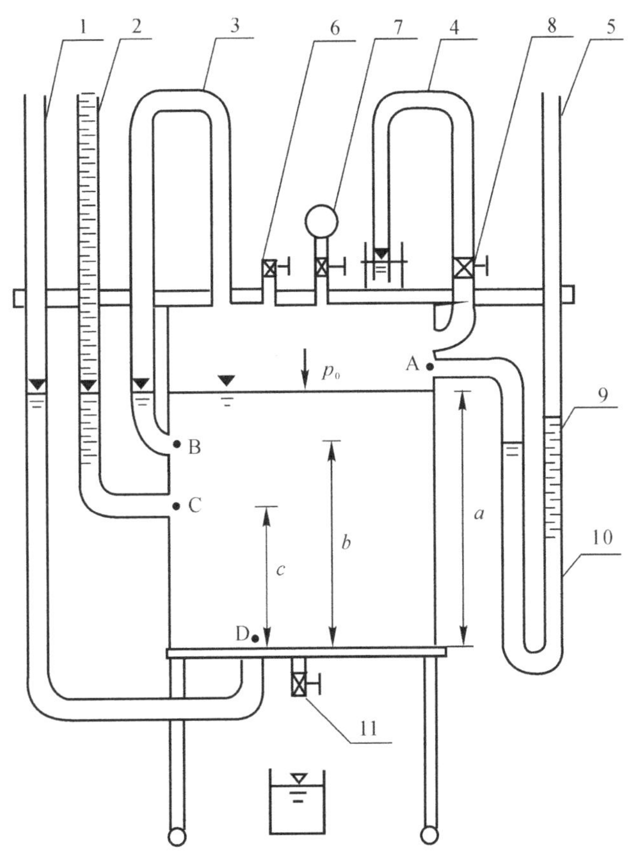

图 3.5　静水压强实验装置图

1— 测压管；2— 带标尺测压管；3— 连通管；4— 真空测压管；5—U 型测压管；6— 通气阀；7— 加压打气球及截止阀；8— 截止阀；9— 油柱；10— 水柱；11— 减压放水阀；

说明：

(1) 所有测管液面标高均以标尺(测压管 2) 零读数为基准；

(2) 仪器铭牌所注∇_B，∇_C，∇_D系测点 B,C,D 标高；若同时取标尺零点作为静力学基本方程的基准，则∇_B，∇_C，∇_D亦为 z_B，z_C，z_D；

(3)本仪器中所有阀门旋柄，顺管轴线为开通，垂直管轴线为关闭。

3.3.4　实验步骤

(1)熟悉仪器组成及其用法，包括：

1)各阀门的开和关，阀门的旋柄顺管轴线为开，垂直管轴线为关；

2)加压方法：关闭所有阀门(不包括截止阀 7)，然后用打气球充气；

3)减压方法：关闭通气阀 6，开启筒底阀 11 放水；

4)检查仪器是否密封。加压后检查测管 1,2,5 液面高程是否恒定。若下降，表明漏气，应查明原因并加以处理。

(2)记录实验装置台号及各常数。

(3)测量各点静压强(各点压强用厘米水柱高表示)。

1)打开通气阀6(此时 $p_0=0$),记录水箱液面标高∇_0(即测管3)和测管2液面标高∇_H(此时$\nabla_0=\nabla_H$);

2)关闭通气阀6及截止阀8,加压使之形成 $p_0>0$,测记∇_0及∇_H(测量3次);

3)打开通气阀6及截止阀8,待液面稳定后,关闭通气阀6,加压,至测压管2不再上升,测量4[#]测压管插入小水杯中的深度(即测压管2与水箱液面的高差)。

4)打开放水阀11,减压(要求其中一次 $p_B/\gamma<0$,即测压管2液面在B,C之间),测记∇_0及∇_H(测量3次)。

(4)测出测压管4插入小水杯中的深度。

(5)测定油的相对密度 d_0。

1)打开通气阀6,测记∇_0;

2)关闭通气阀6及截止阀8,打气加压($p_0>0$),微调放气螺母使U形管中水面与油水交界面齐平,测记∇_0及∇_H(测量3次);

3)打开通气阀6,待液面稳定后,关闭所有阀门。然后打开放水阀11减压,使U形管中的水面与油面齐平,测记∇_0及∇_H(测量3次)。

3.3.5 实验数据处理

(1)记录有关常数。

各测点的标尺读数为:$\nabla_B=$__________ cm;$\nabla_C=$__________ cm;$\nabla_D=$__________ cm;

水的重度 $\gamma_w=$__________ kg/cm^3。

4[#]测压管插入小水杯中的深度 $\Delta h_4=$__________ cm。

(2)将流体静压强及其他数据填入表3.4中。

表3.4 流体静压强测量记录及计算表

实验条件	次数	水箱液面 ∇_0	测压管液面 ∇_H	压强水头				测压管水头	
				p_A/γ	p_B/γ	p_C/γ	p_D/γ	$z_C+\frac{p_C}{\gamma}$	$z_D+\frac{p_D}{\gamma}$
$p_0=0$	1								
$p_0>0$	1								
	2								
	3								
$p_0<0$	1								
	2								
	3								

注:$p_0<0$时,要求其中一次 $p_B<0$,即测压管2液面在B,C之间。

表中基准面选在__________, $z_C=$______ cm, $z_D=$______ cm

(3) 分别求出各次测量时 A,B,C,D 点的压强,并选择一基准检验同一静止液体内的任意两点 C,D 的 $(z+p/\gamma)$ 是否为常数。

(4) 求出油的相对密度 d_0 及密度 γ_0。将实验数据填入表 3.5 中。

表 3.5　油密度测量记录及计算表

实验条件	次数	∇_0	∇_H	h_1	$\overline{h_1}$	h_2	$\overline{h_2}$	$d_0=\dfrac{\overline{h_1}}{\overline{h_1}+\overline{h_2}}$
$p_0>0$ 且 U 形管中水面与油水交界面齐平	1							
	2					—	—	
	3							$d_0=$ ______
$p_0<0$ 且 U 形管中水面与油面齐平	1							$\gamma_0=$ ______
	2			—	—			
	3							

3.3.6　实验注意事项

(1)用打气球加压、减压须缓慢,以防液体溢出及油珠吸附在管壁上;打气后务必关闭打气球下端阀门,以防漏气。

(2)在实验过程中,装置的气密性要求保持良好。

3.3.7　思考题

(1)同一静止液体内的测压管水头线是什么线?

(2)如测压管太细,对测压管液面的读数将有何影响?

(3)过 C 点作一水平面,相对管 1,2,5 及水箱中液体而言,这个水平面是不是等压面?哪一部分液体是同一等压面?

实验 3.4　流体流速和流量测量

3.4.1　实验目的

(1)熟悉毕托管的工作原理、结构和使用方法。

(2)掌握使用毕托管测流速的方法,并计算流量。

3.4.2　实验原理

根据伯努利方程,毕托管所测点的速度表达式为

$$u=c\sqrt{2g\Delta h}=k\sqrt{\Delta h}$$

式中: u —— 毕托管测点的流速;

c —— 毕托管的校正系数，取 $c=1.0$（一般 $c=1\pm1‰$）；

k —— $k=c\sqrt{2g}$；

Δh —— 毕托管的总水头与静压水头差。

又根据伯努利方程，从孔口出流计算测点的速度表达式为

$$u=\varphi'\sqrt{2g\Delta H}$$

式中：u —— 测点的速度，由毕托管测定；

ΔH —— 管嘴的作用水头，由测压管 1 和 2 号管的水位差确定；

φ' —— 测点流速系数，上两式相比可得：

$$\varphi'=c\sqrt{\Delta h/\Delta H} \quad （一般\ \varphi'=0.996\pm1‰）$$

毕托管测得的为某点的局部速度，为了确定截面上的平均速度，必须将截面按面积均分若干，测定各份的速度，然后再求它们的算术平均值：

$$u_{均}=\frac{u_1+u_2+\cdots+u_n}{n}$$

截面为 $F\mathrm{m}^2$，即可求得流量为

$$V=uF\ (\mathrm{m^3/s})$$

3.4.3 实验装置

实验装置如图 3.6 所示。高低水位水箱的水位差形成的位能经淹没管嘴 6 转换成动能，用毕托管测出管嘴中心的速度值。毕托管 7 在导轨 8 上可以上下、左右移动，调整测点的位置；测压管 9，其中 1 和 2 号管用以测量高、低水箱水位差，3 和 4 号管用以测量毕托管的总水头和静水头；水位调节阀用以改变测点流速的大小。

3.4.4 实验步骤

1. 准备

(1)熟悉实验装置各部分名称和作用，分解毕托管，理解其构造和原理；

(2)将高、低水箱的测压点分别与测压管 9 中的 1 和 2 号管相连通；

(3)毕托管对准管嘴，距离管嘴出口处约 2～3 cm（轴向偏差小于 10°），上紧固定螺丝；

(4)记录相关实验参数。

2. 开启水泵

顺时针打开调速器开关 3，将供水流量调节到最大；

3. 排气

待上、下游水箱溢流后，用吸气球（如医用洗耳球）放在测压管口部抽吸，排除毕托管及各连通管中的气体。用静水匣罩住毕托管，使之处于静水中，检查测压管 3 号和 4 号的液面是否平齐，如果不齐，必须重新排气；如果测压管的 1 号和 2 号的液面分别与上下游水箱液面不齐，同样必须重新排气。

4. 记录

待测压管液面静止后，移动滑尺 11，测量并记录各测压管液面的高度，填入表 3.6。

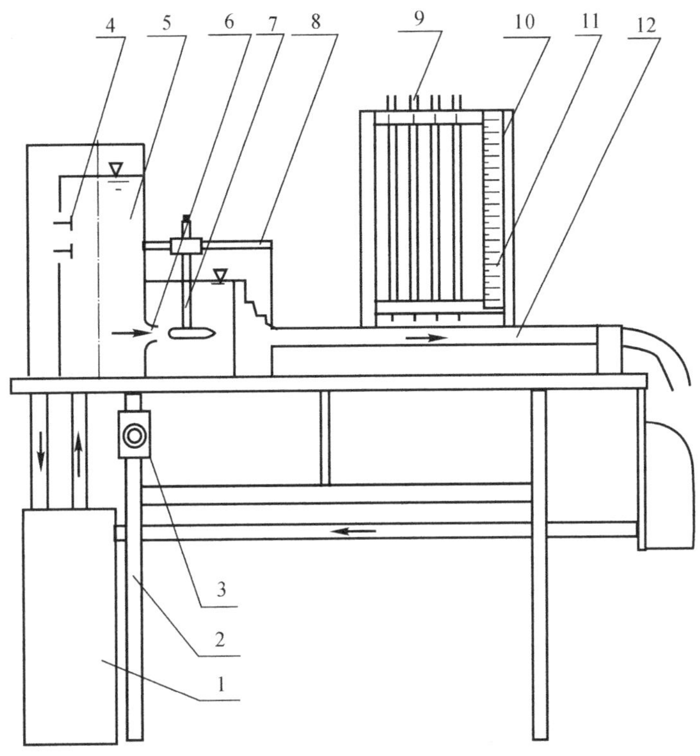

图 3.6　毕托管实验装置图

1—自循环供水器；2—实验台；3—可控硅无级调速器；4—水位调节阀；
5—恒压水箱；6—管嘴；7—毕托管；8—尾水箱与导轨；
9—测压管；10—测压计；11—滑动测量尺；12—上回水管

5. 改变流量

打开和关闭调节阀 4，并相应调节调速器 3，使水箱溢流量适中，重复步骤 4(在此，共可获得 3 个不同的流量)。

6. 观察实验

(1)流量不变，分别沿垂向和纵向移动毕托管，改变测点位置，观察管嘴淹没射流的速度分布。

(2)在有压管道的流速测量中，当管道的直径与毕托管直径之比小于 6～10 时，误差大于 2%～5%，不宜使用。试将毕托管头部伸入到管嘴中，予以验证。

7. 实验结束

按步骤 3 的方法检查毕托管比压计的液面是否平齐。

3.4.5　实验数据记录

将实验数据填入表 3.6 中。

$c=$ __________；　　$k=$ __________；　　$F=$ __________ m^2

表 3.6　实验记录表格

实验次数	上、下游水位计			毕托管测压计			测点流速	测点流速系数	流量
	$\frac{h_1}{\text{cm}}$	$\frac{h_2}{\text{cm}}$	$\frac{\Delta H}{\text{cm}}$	$\frac{h_1}{\text{cm}}$	$\frac{h_2}{\text{cm}}$	$\frac{\Delta h}{\text{cm}}$	$\frac{u=k\sqrt{\Delta h}}{\text{cm/s}}$	$\varphi'=c\sqrt{\Delta h/\Delta H}$	$\frac{V}{\text{m}^3/\text{s}}$

3.4.6　思考题

(1) 利用测压管测量点的压强时，为什么要排气？怎样检验排净与否？

(2) 毕托管的动压头 Δh 和上、下游水位差 ΔH 之间的大小关系怎样？为什么？

(3) 对于实际的黏性流体，流速系数 $\varphi'<1$，说明了什么问题？

实验 3.5　管道流体阻力的测定

3.5.1　实验目的

(1)观察流体稳定地在等直径圆管中流动时，其沿程阻力及局部阻力损失情况。

(2)掌握管道沿程阻力因数和局部阻力因数的测定方法。

(3)了解沿程阻力因数在不同雷诺数下的变化情况。

3.5.2　实验原理

流体在管路中流动时，由于黏性剪应力和涡流的存在，不可避免地要消耗一定的机械能。管路是由直管和管件(如三通、肘管及阀门等)组成。流体在直管中流动造成的机械能损失称为沿程阻力损失。而流体在通过阀门、管件等的局部障碍，引起流动方向和流动截面的突然改变而造成的机械能损失称为局部阻力损失。

当不可压缩流体在圆形导管中流动时，在管路系统中任意两个截面之间列出机械能守恒方程为

$$gZ_1+\frac{p_1}{\rho}+\frac{u_1^2}{2}=gZ_2+\frac{p_2}{\rho}+\frac{u_2^2}{2}+h_f \tag{3.17}$$

或

$$Z_1+\frac{p_1}{\rho g}+\frac{u_1^2}{2g}=Z_2+\frac{p_2}{\rho g}+\frac{u_2^2}{2g}+H_f \tag{3.18}$$

式中：Z—— 流体的位压头，m 液柱；

p—— 流体的压强，Pa；

u—— 流体的平均流速，$\text{m}\cdot\text{s}^{-1}$；

ρ—— 流体的密度，$\text{kg}\cdot\text{m}^{-3}$；

h_f—— 流动系统内因阻力造成的能量损失，$J \cdot kg^{-1}$；

H_f—— 流动系统内因阻力造成的压头损失，m液柱。

1，2—— 上游和下游截面上的数值。

假设：(1) 水作为实验物系，则水可视为不可压缩流体；

(2) 实验导管是按水平装置的，则 $Z_1 = Z_2$；

(3) 实验导管的上下游截面上的横截面积相同，则 $u_1 = u_2$。

因此式(3.17)、式(3.18)两式分别可简化为

$$h_f = \frac{p_1 - p_2}{\rho} \quad (J \cdot kg^{-1}) \tag{3.19}$$

$$H_f = \frac{p_1 - p_2}{\rho g} \quad (mH_2O) \tag{3.20}$$

由此可见，因阻力造成的能量损失(压头损失)，可由管路系统的两截面之间的压力差(压头差)来测定，可用U形管压差计测量，故可计算出 h_f。

当流体在圆形直管内流动时，流体因摩擦阻力所造成的能量损失(压头损失)，有如下一般关系式：

$$h_f = \frac{p_1 - p_2}{\rho} = \lambda \frac{l}{d} \frac{u^2}{2} \quad (J \cdot kg^{-1}) \tag{3.21}$$

或

$$H_f = \frac{p_1 - p_2}{\rho g} = \lambda \frac{l}{d} \frac{u^2}{2g} \quad \text{m 液柱} \tag{3.22}$$

式中：d—— 圆形直管的直径，m；

l—— 圆形直管的长度，m；

λ—— 摩擦因数(无因次)。

大量实验研究表明：摩擦因数 λ 与流体的密度 ρ 和黏度 μ、管径 d、流速 u 和管壁粗糙度 ε 有关。应用因次分析的方法，可以得出摩擦因数与雷诺数和管壁相对粗糙度 ε/d 存在函数关系，即

$$\lambda = f(Re, \frac{\varepsilon}{d}) \tag{3.23}$$

通过实验测得 λ 和 Re 数据，可以在双对数坐标上标绘出实验曲线。当 $Re < 2\,000$，即流体在直管中呈层流时，摩擦因数 λ 与管壁粗糙度 ε 无关。当流体在直管中呈湍流时，λ 不仅与雷诺数有关，而且与管壁相对粗糙度有关。

用流量计测定流体通过已知管段的流量 V，在已知管径 d 的情况下，流速可以通过式 $V = \frac{\pi}{4} d^2 u$ 计算，由流体的温度可查得流体的密度 ρ、黏度 μ。因此，对于每一组测得的数据可分别计算出对应的 λ 和 Re。

当流体流过管路系统时，因遇各种管件、阀门和测量仪表等而产生局部阻力，所造成的能量损失(压头损失)，有如下一般关系式：

$$h'_f = \zeta \frac{u^2}{2} \quad (J \cdot kg^{-1})$$

或

$$H'_{f} = \zeta \frac{u^2}{2g} \quad \text{m 液柱}$$

式中：u—— 连接管件等的直管中流体的平均流速，$m \cdot s^{-1}$；

ζ—— 局部阻力因数(无因次)。

由于造成局部阻力的原因和条件极为复杂，各种局部阻力因数的具体数值，都需要通过实验直接测定。只要测出流体经过管件时的阻力损失 h'_f 以及流体通过管路的流速 u，即可算出局部阻力因数。

3.5.6 实验装置

实验装置如图 3.7 所示，离心泵 2 从水槽 12 吸入水，经调节阀 3 送到管路阻力测量系统。经直管的两侧压口 6、弯头 7、涡轮流量计 9 后送回水槽 12。测定管子摩擦因数和阀件阻力系数时，打开离心泵进口阀 1、出口阀 3。直管阻力损失和弯头阻力损失用 U 形压差计测定其压差，指示液为水。管内水的流量由涡轮流量计测定。用调节阀 3 可以改变流体通过管内的流速，从而计算出不同流动状态下的摩擦因数 λ 和弯头阻力因数 ξ。

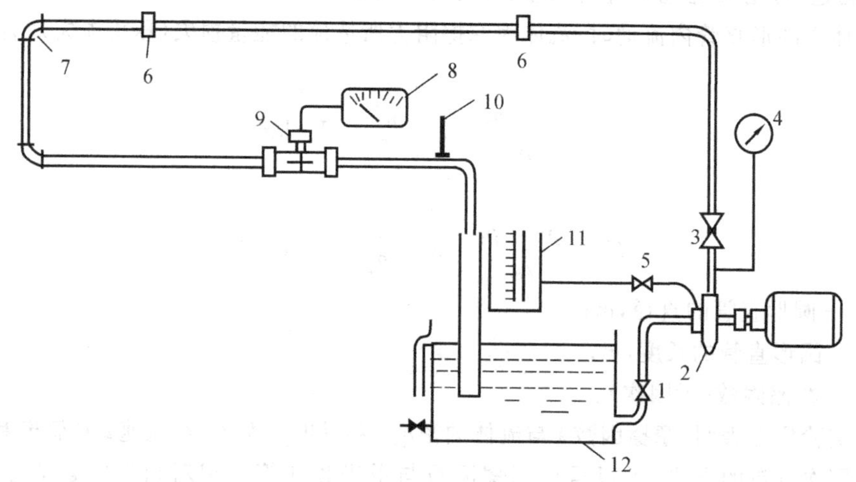

图 3.7 管道阻力测定装置

1—离心泵进口阀；2—离心泵；3—出口阀；4—压力表；5—灌水阀；6—特种法兰；7—弯头；8—频率表；9—涡轮流量计；10—温度计；11—计量槽；12—水槽

3.5.4 实验步骤

(1)熟悉实验装置的流程及流量、压差的测定方法。

(2)开启进水阀向水槽送水。

(3)检查轴承润滑情况，用手转动联轴节看其是否转动灵活。检查各阀门是否处于正确的启、闭状态。关闭离心泵的出口阀，并启动泵。

(4)在大流量下进行管路和测压引管的排气。测压引管通过 U 形压差计的排气阀进行排气。若 U 形压差计中有气泡，也要通过打开排气阀将气泡排掉。排气后关闭调节阀，若 U 形管的零位读数和原来的一样，说明排气完全，否则继续排气。

(5)选择待测管路，开启管路切换球阀，同时关闭其余各管路的切换球阀。

(6)用调节阀调节所测定管路的流量，待流动稳定后，测取流量和压差数据。在流量变化范围内，直管阻力测取 10～15 组实验数据，局部阻力测取 5 组实验数据。

(7)一个管路测量完毕,关闭管路的切换球阀。切换到另一个管路,重复(5)(6)两步操作。

(8)所有管路测量完毕后,关闭泵出口调节阀。打开U形测压管上的放气阀。停泵,测量水温。

3.5.5　实验注意事项

(1)实验前务必将系统内存留的气泡排除干净,否则实验不能达到预期效果。

(2)若实验装置放置不用时,尤其是冬季,应将管路系统和水槽内的水排放干净。

(3)离心泵在启动前要灌水排气,在出口阀关闭的情况下启动。

(4)关闭离心泵前要先关出口阀。

3.5.6　实验结果及数据处理

(1)实验参数测量及记录。

设备编号__________　　　　管径 d=__________ mm

水　　温__________℃　　　　大气压__________ Pa

(2)计算直管阻力因数。将实验数据填入表3.7中。

直管材料__________;管径 d=__________ mm;直管长度 l=__________ mm

表3.7　实验数据表

项目 \ 次数	1	2	3	4	5	6	7	8	9	10	11	12
压差 $R/(mmH_2O)$												
流量 $V/(m^3/s)$												

(3)计算弯头阻力损失因数。将实验数据填入表3.8中。

表3.8　实验数据表

名称__________;管径 d=__________ mm

项目 \ 次数	1	2	3	4	5	6	7	8	9	10	11	12
压差 $R/(mmH_2O)$												
流量 $V/(m^3/s)$												

(4)对实验数据进行处理,处理过程必须有一组数据的计算实例;

(5)标绘 $Re-\lambda$ 双对数坐标曲线。

3.5.7　思考题

(1)测试中为什么需要湍流?

(2)流量调节过程中,为什么倒U形压差计两支管中液位上下移动的距离不像U形压差计一样对等升降?

(3)为什么在实验前,要将管路中的空气排净?怎样说明管路中的空气已经排净?

实验3.6 稳态平板法测定绝热材料的导热系数

3.6.1 实验目的

(1)巩固和深化稳定导热过程的基本理论,学习用平板法测定绝热材料导热系数的实验方法和技能。

(2)测定实验材料的导热系数。

(3)确定实验材料导热系数与温度的关系。

3.6.2 实验原理

导热系数在工程上又称热导率,是描述材料性能的一个重要参数,在物体的散热和保温工程实践中都要涉及这一参数。由于材料结构的变化对导热系数有明显的影响,导热系数的测量不仅在工程实践中有重要的实际意义,而且对新材料的研制和开发也具有重要意义。

导热系数是表征材料导热能力的物理量。对于不同的材料,导热系数是不相同的。对同一材料,导热系数还会随着温度、压力、湿度、物质的结构和重度等因素而变异。各种材料的导热系数可通过实验方法来获得,稳态平板法是一种应用一维稳态导热过程的基本原理来测定材料导热系数的方法,并可测定材料的导热系数及其与温度的关系。

实验设备是根据在一维稳态情况下通过平板的导热量Q和平板两面的温差Δt成正比,和平板的厚度δ成反比,以及和导热系数λ成正比的关系来设计的。

通过薄壁平板(壁厚小于1/10的壁长和壁宽)的稳定导热量为

$$Q=\frac{\lambda}{\delta}\Delta tF \qquad (\mathrm{W}) \tag{3.24}$$

测试时,如果将平板两面温差$\Delta t=t_R-t_L$、平板厚度δ、垂直热流力向的导热面积F和通过平板的热流量Q测定以后,就可以根据式(3.25)得出导热系数。

$$\lambda=\frac{Q\delta}{\Delta tF} \qquad (\mathrm{W/m\cdot ℃}) \tag{3.25}$$

需要指出,上式所得的导热系数是在当时的平均温度下材料的导热系数值,此平均温度为

$$\bar{t}=\frac{1}{2}(t_R+t_L) \qquad (℃) \tag{3.26}$$

在不同的温度和温差条件下测出相应的λ值,然后按λ值标在$\lambda-\bar{t}$坐标图内,就可以得出$\lambda=f(\bar{t})$的关系曲线。

3.6.3 实验装置及测量仪器

稳态平板法测定绝热材料导热系数实验装置如图3.8、图3.9所示。电器连接图如图3.10所示。

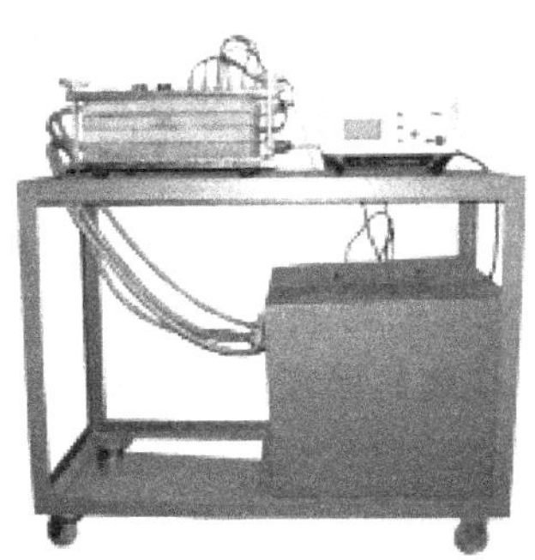

图 3.8　实验装置图

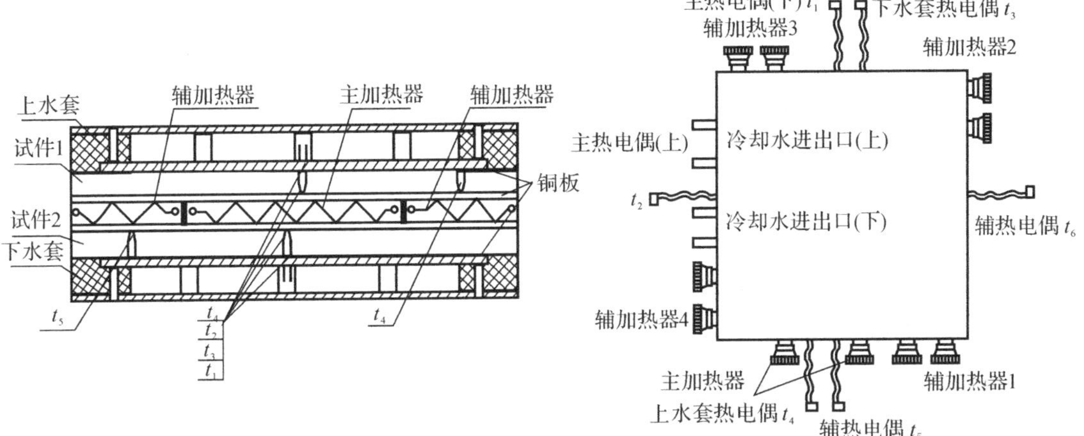

图 3.9　实验台主体示意图

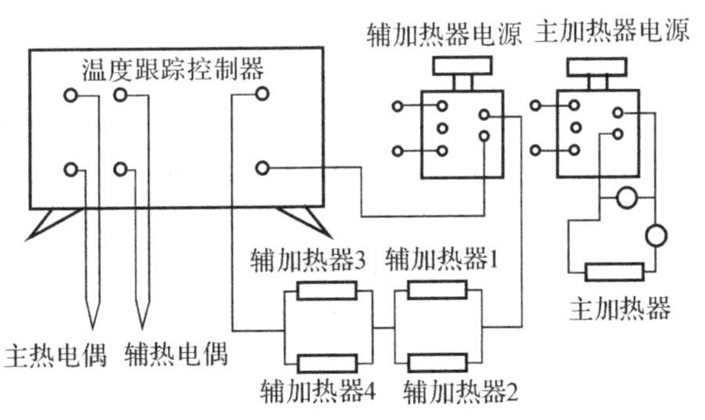

图 3.10　实验台电路连接图

将实验材料制成两块方形薄壁平板试件，面积为 300 × 300(mm²)，实际导热计算面积 F 插入为 200 × 200mm²，平板厚度 δ(mm)。平板试件分别被夹紧在加热器的上下热面和上下水套冷面之间。加热器的上下面、水套与试件的接触面都设有铜板，以使温度均匀。利用薄膜式加热片实现对上、下试件热面的加热，而上下导热面积水套的冷却面是通过循环冷却水(或通以自来水)来实现。在中间 200 × 200 mm² 部位上安设的加热器为主加热器。为了使主加热器的热量能够全部单向通过上下两个试件，并通过水套的冷水带走，在主加热器四周(即

$200 \times 200\text{mm}^2$ 之外的四侧）设有四个辅助加热器，利用专用的温度跟踪控制器使主加热器以外的四周保持与中间主加热器的温度相一致，以免热流量向旁侧散失。主加热器的中心温度 t_1（或 t_2）和水套冷面的中心温度 t_3（或 t_4）用4个埋没在铜板上的热电偶来测量，辅助加热器1和辅助加热器2的热面也分别设置两个辅热电偶 t_5 和 t_6（埋没在铜板的相应位置上），其中一个辅热电偶 t_5（或 t_6）接到温度跟踪控制器上，与主加热器中心接来的主热电偶 t_2（或 t_1）的温度信号相比较，通过跟踪器使全部辅加热器都跟踪到与主加热器的温度相一致。而在实验进行时，可以通过热电偶 t_1（或 t_2）和热电偶 t_3（或 t_4）测量出一个试件的两个表面的中心温度。也可以再测量一个辅热电偶的温度，以便与主热电偶的温度相比较，从而了解主、辅加热器的控制和跟踪情况，温度是利用电位差计转换开关来测量的。主加热器的电功率可以用电功率表或电压表和电流表来测量。

［附］实验台主要参数

(1) 实验材料：聚氯乙烯；

(2) 试件外形尺寸：$300 \times 300\ \text{mm}^2$；

(3) 导热计算面积 F：$200 \times 200\ \text{mm}^2$（即主加热器的面积）；

(4) 试件厚度 δ mm（实测）：15 mm 左右；

(5) 主加热器电阻值：100 Ω；

(6) 辅加热器电阻值：4 × 25 Ω；

(7) 热电偶材料：镍铬-镍硅；

(8) 试件最高加热温度：≤ 80℃。

3.6.4　实验方法和步骤

(1) 将两个平板试件仔细地安装在主加热器的上下面，试件表面应与铜板严密接触，不应有空隙存在。在试件、加热器和水套等安装入位后，应在上面加压一定的重物，以使它们都能紧密接触。

(2) 连接各接线电路，并仔细检查接线是否正确。将主加热器的两个接线端用导线接至主加热器电源；而四个辅助加热器经两两并联后再串联成串联电路（实验台上已连接好），并按图3.10所示连接到辅助加热器电源上和跟踪控制器上。电压表和电流表（或电功率表）应按要求接入电路。将主热电偶之一 t_2（或 t_1）接到跟踪控制器面板上左侧的主热电偶接线柱上，而将辅热电偶之一 t_5（或 t_6）接到跟踪控制器上的相应接线柱上。把主热电偶 t_1（或 t_2）、水套冷面热电偶 t_3（或 t_4）和辅热电偶 t_6（或 t_5）都接到热电偶转换开关上，转换开关与电位差计的“未知”相接。

(3) 检查冷却水水泵及其通路能否正常工作，各热电偶是否正常完好，校正电位差计的零位。

(4) 接通加热器电源，并调节到合适的电压，开始加热，同时开启温度跟踪控制器。在加热过程中，可通过各测温点的测量来控制和了解加热情况。开始时，可先不启动冷水泵，待试件的热面温度达到一定水平后，再启动水泵（或接通自来水），向上下水套通入冷却水。实验经过一段时间后，试件的热面温度和冷面温度开始趋于稳定。在这过程中可以适当调节主加热器电源、辅加热器电源的电压，使其更快或更利于达到稳定状态。待温度基本稳定后，就可以每隔一段时间进行一次电功率 P（或电压 U 和电流 I）读数记录和温度测量，从而得到稳定的测试结果。

(5) 一个工况实验后，可以将设备调到另一工况，即调节主加热器电压后，再按上述方法进行测试，得到另一工况的稳定测试结果。调节的电压不宜过大，一般在 5 ～ 10 V 为宜。

(6) 根据实验要求，进行多次工况的测试(工况以从低温到高温为宜)。

(7) 测试结束后，先切断加热器电源，并关闭跟踪器，经过10 min左右后再关闭水泵(或停放自来水)。

3.6.5　实验结果处理

1. 实验记录表

将实验数据填入表 3.9 中。

表 3.9　导热系数测定记录表

序号	主加热器			热面温度 t_R ℃	冷面温度 t_L ℃	$\Delta t = t_R - t_L$ ℃	试件厚度 mm
	电阻 R/Ω	电压 U/V	功率 P/W				
1							
2							
3							
4							
5							
6							

实验数据取实验进入稳定状态后的测定值。

2. 数据处理

导热量(即主加热器的电功率)：

$$Q = P = IU = \frac{U^2}{R} \qquad (W)$$

式中：P—— 主加热器的电功率值，W；

I—— 主加热器的电流值，A；

U—— 主加热器的电压值，V；

R—— 主加热器的电阻值，Ω。

由于设备为双试件型，导热量向上下两个试件(试件 1 和试件 2) 传导，所以

$$Q_1 = Q_2 = \frac{Q}{2} = \frac{P}{2} \quad (\text{或}\frac{1}{2}IU) \quad (W)$$

试件两面的温差：

$$\Delta t = t_R - t_L \quad (℃)$$

式中：t_R—— 试件的热面温度(即 t_1 或 t_2)，℃；

t_L—— 试件的冷面温度(即 t_3 或 t_4)，℃。

平均温度为

$$\bar{t}=\frac{1}{2}(t_R+t_L) \quad (℃)$$

平均温度为 $\bar{t}$ 时的导热系数：

$$\lambda=\frac{P\delta}{2(t_R-t_L)F} \quad 或 \quad \frac{IU\delta}{2(t_R-t_L)F} \quad (W/(m\cdot ℃))$$

3. 导热系数-温度关系曲线

将不同平均温度下测定的材料导热系数绘成 λ-$\bar{t}$ 关系曲线，并求出 $\lambda=f(\bar{t})$ 的关系式。

3.6.6 思考题

(1) 试述稳态法测定绝热材料的导热系数的基本原理？

(2) 实验过程中，环境温度的变化对实验有无影响？为什么？

(3) 为什么计算面积与试样面积不一样？

(4) 分析测试造成误差的原因。

(5) 应用稳态法是否可以测量良导体的导热系数？如果可以，对实验样品有什么要求？实验方法与测绝热材料会有什么区别？

实验 3.7 稳态球壁导热法测定松散材料的导热系数

3.7.1 实验目的

(1) 加深对稳态导热过程基本理论的理解。

(2) 掌握用球壁导热仪测定粉状、颗粒状及纤维状隔热材料导热系数的方法和技能。

(3) 确定材料的导热系数和温度的关系。

(4) 学会根据材料的导热系数判断其导热能力并进行导热计算。

3.7.2 实验原理

圆球法测定隔热材料的导热系数是以同心球壁稳态导热规律作为基础的。在球坐标中，考虑到温度仅随半径 r 而变，故是一维稳态导热。实验时，在直径为 D_1 和 D_2 的两个同心圆球的圆壳之间均匀地充填被测材料(可为粉状、粒状或纤维状)，内球中则装有电加热元件。从而在稳定导热条件下，只要测定被测试材料两边，即内外球壁上的温度以及通过的热流，就可测出被测填充材料的导热系数 λ。

球体导热系数的推导过程：

如图 3.11 所示，内外直径分别为 D_1 和 D_2 的两个同心圆球的圆壳(半径为 r_1 和 r_2)，内外表面温度分别维持 t_1，t_2，并稳定不变，将傅里叶导热定律应用于此球壁的导热过程，得

$$Q=-\lambda F\frac{dt}{dr}=-\lambda 4\pi r^2\frac{dt}{dr} \tag{3.27}$$

边界条件：

$$r=r_1,\quad t=t_1$$
$$r=r_2,\quad t=t_2$$

在较小的温度范围内，大多数工程材料的导热系数随温度的变化可直接按直线关系处理，对式(3.27)积分并带入边界条件得：

$$Q=\frac{2\pi\lambda(t_1-t_2)}{\dfrac{1}{D_1}-\dfrac{1}{D_2}} \tag{3.28}$$

即

$$\lambda=\frac{Q\left(\dfrac{1}{D_1}-\dfrac{1}{D_2}\right)}{2\pi(t_1-t_2)} \tag{3.29}$$

式中，Q 为球形电炉提供的热量，W。事实上，由于给出的 λ 是隔热材料在平均温度 $t_m=(t_1+t_2)/2$ 时的导热系数，故在实验中只要维持温度场稳定，测出球径 D_1，D_2，热量 Q 及内外球面温度即可求出温度 t_m 下隔热材料的导热系数，而改变 t_1 和 t_2 即可获得 λ-t_m 关系曲线。

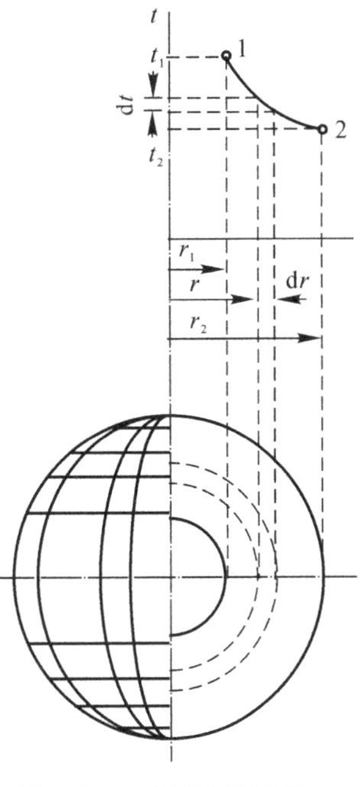

图 3.11　球壁导热过程

3.7.3　实验装置

1. 球壁导热仪

实验装置图如 3.12 所示。主要部件是两个铜制同心球壳 1，2，球壳之间均匀填充被测隔热材料，内壳中装有电热丝绕成的球形电炉加热器 3。

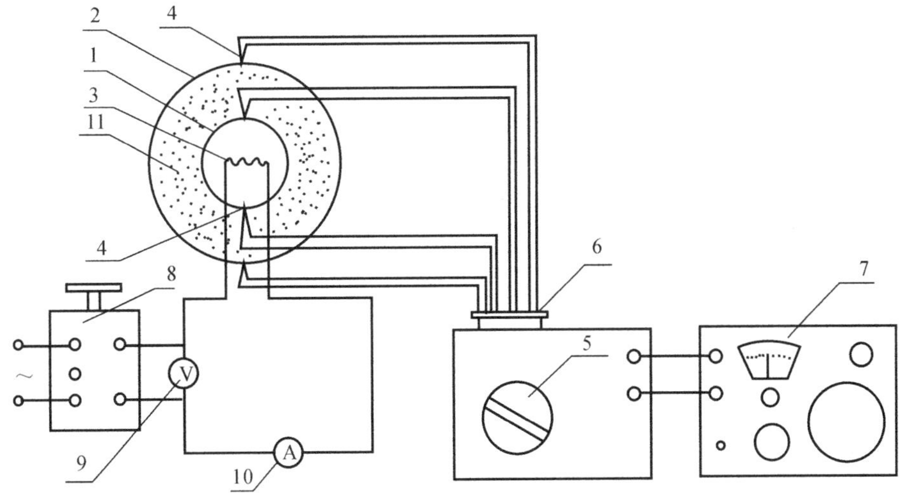

图 3.12　球壁导热仪实验装置图

1— 内球壳；2— 外球壳；3— 电加热器；4— 热电偶热端；5— 转换开关；6— 热电偶冷端；7— 电位差计；8— 调压器；9— 电压表；10— 电流表；11— 绝热材料

2. 热电偶测温系统

铜-康铜热电偶 2 只(测外壳壁温度)，镍铬-镍铝热电偶识(测内壳壁温度)，均焊接在壳壁上。通过转换开关将热电偶信号传递到电位差计，由电位差计检测出内外壁温度。

3. 电加热系统

外界电源通过稳压器后输出稳压电源，经调压器供给球形电炉加热器一个恒定的功率。用电流表和电压表分别测量通过加热器的电流和电压。

3.7.4 实验步骤

(1) 将被测绝热材料放置在烘箱中干燥，然后均匀地装入球壳的夹层之中。

(2) 按图3.12安装仪器仪表并连接导线，注意确保球体严格同心。检查连线无误后通电，使测试仪温度达到稳定状态(约 3 ～ 4 h)。

(3) 用温度计测出热电偶冷端的温度 t_0。

(4) 每间隔 5 ～ 10 min 测定一组温度数据(内上、内下、外上、外下)。读数应保证各相应点的温度不随时间变化(实验中以电位差计显示变化小于 0.02 mV 为准)，温度达到稳定状态时再记录。共测试 3 组，取其平均值。

(5) 调整加热功率，重复实验。

(6) 关闭电源，结束实验。

3.7.5 数据处理

1. 实验参数记录

材料名称：__________；填充密度 $\rho=$__________ kg/m^3；冷端温度 $t_0=$__________ ℃

内球壳外径 $D_1=$__________ cm；外球壳内径 $D_2=$__________ cm

2. 实验数据记录

将实验数据填入表 3.10 中。

表 3.10 实验数据表

测定项目		1	2	3	平均值
电流 I/A					
电压 U/V					
内球表面热电偶的热电势 E/mV	上				
	下				
外球表面热电偶的热电势 E/mV	上				
	下				

3. 数据处理

(1) 平均温度的校正。根据冷端 t_0 及测点平均温度 t 可查得冷端电势 $E(t_0,0)$，结合原始数据中各测点的平均电势 $E(t,t_0)$，即可由式(3.30)求得 $E(t,0)$：

$$E(t,0)=E(t,t_0)+E(t_0,0) \quad (\mathrm{mV}) \tag{3.30}$$

式中：t —— 测点平均温度，℃；

t_0 —— 冷端温度，℃；

E —— 热电势，mV。

再由 $E(t,0)$ 值可查得测点温度 t_1，t_2。

(2) 电加热器发热量计算。

$$Q=UI$$

式中：Q —— 单位时间内发热量，W；

U—— 电加热器电压，V；

I —— 电加热器电流，A。

(3) 材料的导热系数计算用式(3.31) 计算材料的导热系数，即

$$\lambda=\frac{Q\left(\frac{1}{D_1}-\frac{1}{D_2}\right)}{2\pi(t_1-t_2)} \tag{3.31}$$

(4) 确定被测材料导热系数和温度的关系，并绘制出 $\lambda-t_m$ 曲线。

3.7.6　思考题

(1) 用圆球法测定的材料的导热系数是对什么温度而言的？

(2) 试料填充不均所产生的影响是什么？

(3) 内外球壳不同心所产生的后果是什么？

(4) 室内空气不平静时会产生什么影响？

(5) 怎样判断、检验球体导热过程已达到稳定状态？

(6) 实验中能用外球的外壁温度代替外球的内壁温度吗？若已知外球壁材料为铜，壁厚为 $\delta=2$ mm，导热系数为 384 W/(m・℃)，试计算由此引起的相对误差。

实验 3.8　材料中温辐射黑度的测定

3.8.1　实验目的

(1) 掌握比较法测定材料中温辐射黑度的实验方法。

(2) 加深对辐射换热基本理论的理解。

3.8.2　实验原理

热辐射是传热的 3 种基本形式之一，物质的热辐射与其结构密切相关，不同的物质具有不同的热辐射。测定材料的热辐射能力参数，可以确定物质表面状况对热辐射率的影响。

任何物体的辐射能量和同一温度下绝对黑体辐射能量的比值称为该物体的辐射率 ε(或发射率)，又称黑度。因此，黑体的辐射率为 1。利用在相同实验条件下测定待测材料表面和人工黑体表面对一个热辐射探测器吸热面的辐射热能值并加以比较，从而求得待测材料表面的热辐射率值，此实验方法称之为法向热辐射率比较法。

在如图 3.13 所示的物理模型中，热源 1、黑体腔体 2、待测物质 3(受体)，它们表面上温度均匀。因此，在此辐射换热系统中，被测物体(受体) 的净辐射换热量可表示为

$$Q_{\text{net},3}=\alpha_3(E_{b_1}F_1\varphi_{13}+E_{b_2}F_2\varphi_{23})-\varepsilon_3E_{b_3}F_3 \tag{3.32}$$

式中：E_{b_1}，E_{b_2}，E_{b_3} —— 热源 1、黑体腔体 2、受体 3 的辐射力；

F_1, F_2, F_3 —— 其辐射换热面积；

α_3, ε_3 —— 受体的吸收率和辐射率(黑度)；

$\varphi_{13}, \varphi_{23}$—— 热源 1、黑体腔体 2 的辐射面对受体 3 的辐射面的辐射角系数(角系数)。

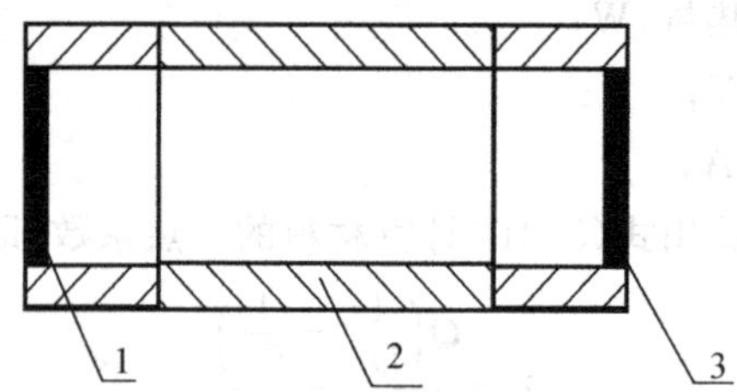

图 3.13　辐射换热物理模型

1— 热源；2— 传导圆筒；3— 待测物体

因为，$F_1 = F_3, \alpha_3 = \varepsilon_3, \varphi_{32} = \varphi_{12}$，又根据角系数的互换性有 $F_2\varphi_{23} = F_3\varphi_{32}$，则

$$q_3 = \frac{Q_{net,3}}{F_3} = \varepsilon_3(E_{b_1}\varphi_{13} + E_{b_2}\varphi_{12}) - \varepsilon_3 E_{b_3} = \varepsilon_3(E_{b_1}\varphi_{13} + E_{b_2}\varphi_{12} - E_{b_3}) \tag{3.33}$$

由于受体 3 与环境主要以自然对流方式换热，因此：

$$q_3 = h(t_3 - t_f) \tag{3.34}$$

式中：h—— 换热系数；

t_3—— 待测物体(受体) 温度，℃；

t_f—— 环境温度，℃。

由式(3.33)、式(3.30) 可得

$$\varepsilon_3 = \frac{h(t_3 - t_f)}{E_{b_1}\varphi_{13} + E_{b_2}\varphi_{12} - E_{b_3}} \tag{3.35}$$

当热源 1 和黑体腔体 2 的表面温度一致时，$E_{b_1} = E_{b_2}$，并考虑到体系 1，2，3 为封闭系统，而且 1 为不可见面，则 $\varphi_{13} + \varphi_{12} = 1$，由此，可写成

$$\varepsilon_3 = \frac{h(t_3 - t_f)}{E_{b_1} - E_{b_3}} = \frac{h(t_3 - t_f)}{\sigma(T_1^4 - T_3^4)} \tag{3.36}$$

式中：σ—— 斯蒂芬-玻尔兹曼常数，其值为 $5.67 \times 10^{-8}\ \mathrm{W/m^2 \cdot K^4}$。

对不同待测物体(受体)A，B 的黑度 ε 为

$$\varepsilon_A = \frac{h_A(t_{3A} - t_f)}{\sigma(T_{1A}^4 - T_{3A}^4)}$$

$$\varepsilon_B = \frac{h_B(t_{3B} - t_f)}{\sigma(T_{1B}^4 - T_{3B}^4)}$$

设 $h_A = h_B$，则

$$\frac{\varepsilon_A}{\varepsilon_B} = \frac{T_{3A} - T_f}{T_{3B} - T_f}\,\frac{T_{1B}^4 - T_{3B}^4}{T_{1A}^4 - T_{3A}^4} \tag{3.37}$$

当 B 为黑体时，$\varepsilon_B \approx 1$，上式可写成

$$\varepsilon_A = \frac{T_{3A} - T_f}{T_{3B} - T_f}\,\frac{T_{1B}^4 - T_{3B}^4}{T_{1A}^4 - T_{3A}^4} \tag{3.38}$$

$$\varepsilon_A = \frac{\Delta T_{受}}{\Delta T_{黑}}\,\frac{T_{1B}^4 - T_{3B}^4}{T_{1A}^4 - T_{3A}^4}$$

式中：$\Delta T_{受}$ —— 受体与环境的温差；

$\Delta T_{黑}$ —— 黑体与环境的温差；

T_{1A} —— 受体为被测物体时热源的绝对温度；

T_{1B} —— 受体为黑体时热源的绝对温度；

T_{3B} —— 黑体的绝对温度；

T_{3A} —— 受体的绝对温度。

3.8.3　实验装置

实验装置图如图 3.14 所示。

热源腔体具有一个测温热电偶，传导腔体有两个热电偶，受体有一个测温热电偶，它们都可以通过琴键转换开关来切换。

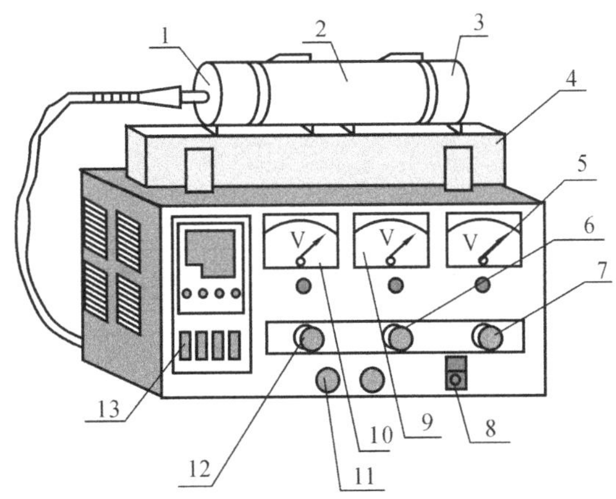

图 3.14　实验装置图

1— 热源；2— 黑体腔体；3— 被测受体；4— 导轨；5— 黑体腔体右加热电压表；
6— 黑体腔体左电压旋钮；7— 黑体腔体右电压旋纽；8— 电源开关；9— 黑体腔体左加热电压表；
10— 热源 加热电压表；11— 测温接线柱；12— 热源电压旋钮；13— 测温转换开关

3.8.4　实验步骤

本仪器用比较法定量地测定被测物体的黑度，具体方法是通过 3 组加热器电压的调整(热源 1 组，黑体腔体 2 组)，使热源和黑体腔体的测温点稳定在同一温度上，然后分别将“待测”(受体为待测物体，具有原来的表面状态) 和“黑体”(受体仍为待测物体，但表面熏黑) 两种状态的受体在相同的温度条件下，分别测出受到辐射后的受体温度，就可按公式计算出待测物体的黑体。

具体步骤如下：

(1) 热源腔体和受体腔体(使用具有原来表面状态的物体作为受体) 靠紧黑体腔体。

(2) 接通电源，调整热源、黑体腔体左和黑体腔体右的调温旋钮，加热约 40 min 左右，通过测温转换开关，测试热源、黑体腔体左和黑体腔体右的温度，并根据测得的温度，微调相应的电压旋钮，使其三点温度尽量一致。

(3) 系统进入恒温后(各测温点基本接近，且在 5 min 之内各点温度波动小于 3℃)，开始测试受体温度，当受体温度 5 min 内的变化小于 3℃ 时，记下一组数据。

(4) 取下受体，将受体冷却后，用松脂(带有松脂的松木)或蜡烛将受体熏黑，然后重复以上实验，测得第 2 组数据。

将 2 组数据代入公式即可得出待测物体的黑度 $\varepsilon_{受}$。

(5) 测量结束后，关闭电源开关，整理仪器，结束实验。

3.8.5 注意事项

(1) 热源及腔体的温度不宜超过 200℃。

(2) 每次做原始状态实验时，建议用汽油或酒精将待测物体表面擦净，否则实验结果将有较大出入。

(3) 熏黑受体时，不得漏熏。

(4) 整个实验过程中，热源体和受体必须紧靠黑体腔体。

3.8.6 数据处理

1. 实验数据记录

表 3.11 实验数据表

序号	热源温度 ℃	黑体腔体温度/℃		受体(紫铜)温度 ℃	环境温度 ℃
		传导 1	传导 2		
1					
2					
3					
平均					

序号	热源温度 ℃	黑体腔体温度/℃		受体(紫铜)温度 ℃	环境温度 ℃
		传导 1	传导 2		
1					
2					
3					
平均					

2. 数据处理

(1) 分别计算两次实验的热源、受体温度的平均值。

(2) 将紫铜熏黑时，可认为其 $\varepsilon=1$，利用式(3.35)计算紫铜在实验温度下的辐射率。

$$\varepsilon_A=\frac{\Delta T_{受}}{\Delta T_{黑}}\ \frac{T_{1B}^4-T_{3B}^4}{T_{1A}^4-T_{3A}^4} \tag{3.39}$$

式中：$\Delta T_{受}$ —— 受体与环境的温差；

$\Delta T_{黑}$ —— 黑体与环境的温差；

T_{1A} —— 受体为被测物体时热源的绝对温度；

T_{1B}—— 受体为黑体时热源的绝对温度；
T_{3B}—— 黑体的绝对温度；
T_{3A}—— 受体的绝对温度。

3.8.7　思考题

(1) 测定法向辐射率有什么实际意义？
(2) 什么条件下物体表面的辐射率等于它的吸收率？
(3) 试分析此测试方法的优点和缺点。

实验 3.9　综合传热系数的测定

3.9.1　实验目的

(1) 掌握测量热设备对周围环境损失的方法和传热系数的测量方法。
(2) 应用传热学的概念和原理分析强化传热过程等问题。
(3) 观察和分析影响传热的各种因素。

3.9.2　实验原理

对流换热是工程实际中最常遇到的传热学问题，有着广泛的应用。对流换热系数是设备换热效率的重要指标，其测定有着重要的工程实际意义。

对流换热是指流体流过固体壁面时，壁与流体间发生的热量交换。根据引起流体宏观运动的原因不同，把对流换热分为自然对流换热和强制对流换热。严格地说，强制对流换热中不能排除自然对流换热的作用，但因为它的影响远小于前者而不予考虑。

对流传热系数 h 的大小与传热过程中的许多因素有关，它不仅取决于流体的物性以及换热表面的形状，是否有泵、风机的驱动大小与布置，而且还与流速等有密切关系。研究对流换热的目的就是要揭示出 h 与影响它的有关物理量之间的内在联系，并用理论分析或实验方法具体给出各种场合下 h 的计算关系式或具体值。

空气外掠圆管时，在管外形成了较为复杂的扰流流场，圆柱面附近的流速、压强分布和来流情况有很大变化，致使圆管断面上各点换热系数不同。本实验不考虑各局部位置的影响，仅给出圆管的综合换热效果，即综合传热系数 K。

综合传热性能实验是将饱和蒸汽通过一组实验管，管子在空气中以辐射和对流方式散热而使管内蒸汽冷凝为水。由于管子外表面状态及空气流动情况不同，管内冷凝水量亦不同，通过单位时间的凝水量，可以计算出每根管子的总传热系数 K 值，并分析影响传热的诸多因素。

所有的试管均以基管表面积为准，则

传热面积　　$F=\pi dL$　　(m^2)

传热量　　$Q=Gr$　　(W)

总传热系数　　$K=Q/F\Delta t$　　($W/(m^2 \cdot ℃)$)

式中：d—— 铜管外径，$d=0.025$ m；

L—— 试管长度，自然对流时，$L=0.9$ m，强制对流时，$L=0.5$ m(风筒长度)；

r—— 汽化潜热，当 $p=0.02$ MPa 时，$r=2\ 243$ kJ/kg；

G—— 凝结水量，$G=\dfrac{hg_s\rho}{1000\tau\times 60}$ kg/s；

h—— 蓄水器的水位高度，cm；

g_s—— 每格的凝结水量，g/cm；

ρ—— 凝结水相对密度，kg/m^3；

τ—— 供汽时间，min；

Δt—— 管内外温差，℃，$\Delta t=t_1-t_f$；当 $p=0.02$ MPa，$t_1=105$℃(饱和温度)；t_f 为实验时的室内温度。

3.9.3 实验装置

实验装置如图 3.15 所示，实验台由电热蒸汽发生器，1 组表面状态不同的(光管，涂黑管，镀铬管，管外加铝翅片及用两种不同保温材料的保温管)6 根管子、配汽管、冷凝水蓄水管(可计量)及支架组成。强制对流时，配有可移动的风机(图中未绘出)，用它对管子吹风来实现上述 6 种实验管的强制对流。实验台可以进行自然对流和强制对流的传热实验。

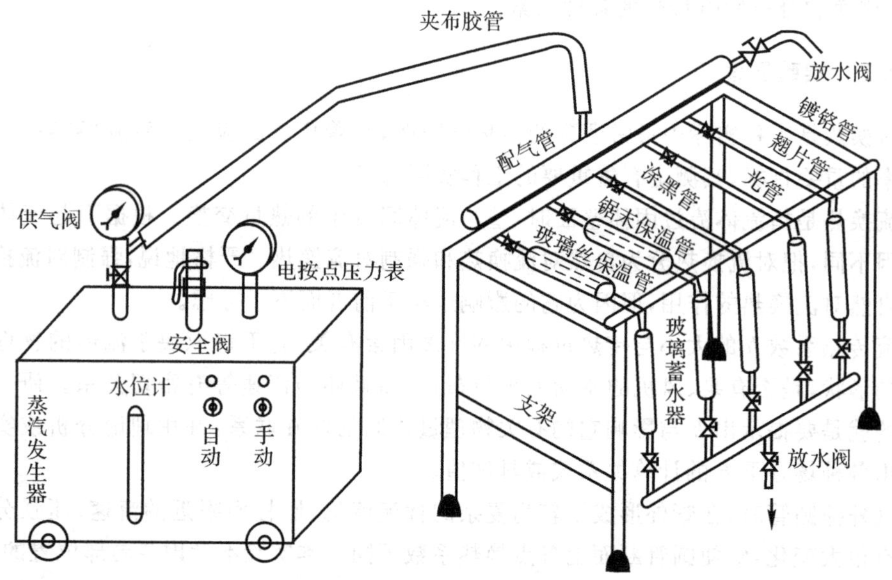

图 3.15　综合传热实验台示意图

实验台参数：

实验铜管外径为 $d=0.025$ m。

计算长度：自然对流时，$L=0.9$ m。

强制对流时 $L=0.5$ m。

蒸汽压力为 0.02 MPa。

3.9.4 实验步骤

(1) 打开电热蒸汽发生器上的供气阀，然后从底部的给水阀门(兼排污)往蒸汽发生器的锅炉加水，当水面达到水位计的 2/3 高处时，关闭给水阀门。

(2) 打开蒸汽发生器上的电加热器开关(手动、自动)，指示灯亮，内部的电锅炉加热。待电接点压力表达到要求压力时(事先按需要用螺丝扳手调定)，电接点压力表动作(断电)。此时，将手动开关闭掉，由电接点压力表控制继电器，使加热器按一定范围进行加热，以供实验所需的加热量。

(3) 打开配气管上所有阀门(或按需要打开其中几个阀门) 和玻璃蓄水器下的放水阀。然后打开供汽阀缓慢地向实验管内送汽，预热系统，并使系统内空气排净。

(4) 蓄水器下方排蒸汽后(稍等片刻一次排净不凝气)，关闭放水阀，预热完毕。此时要调节配汽管底部放水阀门，使其有小量的蒸汽流出，以排除胶管和配汽管内的冷凝水。调节送汽压力，即可进行实验。为防止玻璃蓄水器损坏，建议实验压力为 0.01 MPa。

(5) 做自然对流实验时，将蓄水器下部的放水阀全部关闭，待水位上升至零位时开始计时，如实验多根管子，只要在开始计时时，记下每根蓄水器水位的初读数即可，实验正式开始，待凝水水位达到一定高度时，记下供气时间和凝水量。

(6) 强制对流实验，步骤同上，放掉积存在蓄水器及管路中的水，开动风机对实验管进行强迫吹风，每次做两根。保温管不做。

(7) 实验完毕时，关闭电源，打开所有的放水阀、放气阀，待水排干净后，再将所有阀门关闭，并切断电源及水源。

3.9.5　实验数据处理

1. 实验数据记录

将实验数据填入表 3.12 中。

表 3.12　实验数据表

空气流动情况	管子状况	凝结水位		时间 τ/min	凝结水体积 V/mL	凝结水量 G/(kg·s^{-1})	传热量 Q/W	传热面积 F/m^2	传热系数 K W/(m^2·℃)
		初高 mL	终高 mL						
自然对流	翘片管								
	光管								
	涂黑管								
	镀铬管								
	锯末保温管								
	玻璃丝保温管								
强制对流	翘片管								
	光管								
	涂黑管								
	镀铬管								

2. 数据处理

(1) 在自然对流的条件下，测试翅片管光管、涂黑管、镀铬管、锯末保温管和玻璃纤维保温管的总传热系数 K。

(2) 在强制对流的条件下测试翅片管、光管、涂黑管和镀铬管的总传热系数。

3. 讨论

(1) 将实验结果列成表格，以光管传热系数为基准，讨论不同管子外表面状况不同对传热系数的影响。指出在自然对流情况下，应如何降低和提高传热系数。

(2) 讨论两种保温管的保温效果。

(3) 讨论翅片管的传热情况。

3.9.6 思考题

(1) 举例说明在日常生活中，哪些换热形式是自然对流换热和强迫对流换热？

(2) 影响对流换热的影响因素有哪些？

实验 3.10 干燥实验

3.10.1 实验目的

(1) 了解气流常压干燥设备的基本流程和工作原理。

(2) 掌握物料干燥速率曲线的测定方法。

(3) 了解影响干燥速率曲线的因素。

3.10.2 实验原理

在无机材料的生产过程中，一些原料或半成品如陶瓷及耐火材料成形后的坯体通常含有高于生产要求的水分，在生产前必须通过干燥过程将自由水除去。在干燥过程中，随着水分的排出，坯体会发生收缩或变形，甚至开裂。因此，通过实验获得干燥中物料的水分、温度和干燥速度的关系，并将其绘制成干燥过程曲线，可以为制定干燥工艺制度或者设计干燥器提供依据。

干燥是利用热能去除固体物料中的水分的操作。在热能干燥过程中，热空气将热能以对流传热方式传递给湿物料，物料表面上的水分汽化，并从表面以对流扩散方式向热空气传递，与此同时，物料内部与表面间产生水分差，物料内部水分以气态或液态形式向表面扩散，直至物料表面的水蒸汽分压与介质中的水蒸汽分压相平衡为止。

1. 干燥曲线

干燥曲线是物料的湿含量 X 与干燥时间 τ 的关系曲线。它反映了物料在干燥过程中湿含量随干燥时间的变化关系，其基本变化趋势如图 3.16 所示。干燥曲线中 BC 段为直线，CD 段为曲线，直线和曲线的交点为临界点，临界点的物料湿含量为临界湿含量 X_c。

2. 干燥速率曲线

干燥速率是以单位时间内、单位面积上所汽化的水分量来表示，其数学式为

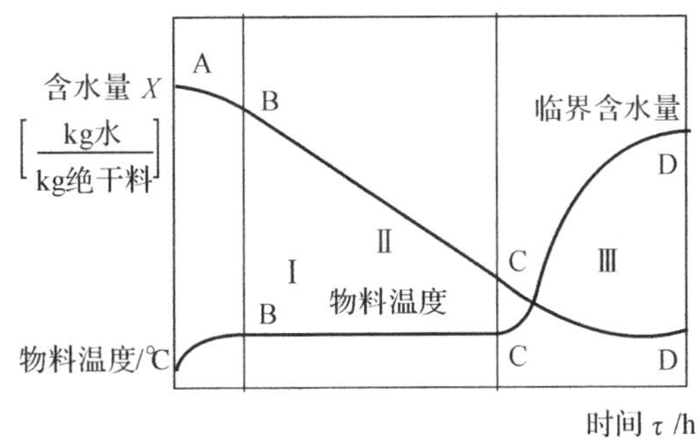

图 3.16　干燥曲线

$$u=\frac{\mathrm{d}W}{A\,\mathrm{d}\tau}=-\frac{m_0\,\mathrm{d}X}{A\,\mathrm{d}\tau}$$

式中：u—— 干燥速率，kg/(m^2 · s)；

W—— 汽化水分量，kg；

m_0—— 绝干物料量，kg；

X—— 物料的干基含水量(kg 水 /kg 绝干物料)；

A—— 干燥面积，m^2；

τ—— 干燥时间，s。

实验中干燥速率可按式(3.40) 近似计算：

$$u=\frac{\Delta W}{A\,\Delta\tau} \tag{3.40}$$

式中：$\Delta\tau$—— 干燥进行时间，s；

ΔW—— 在 $\Delta\tau$ 时间内湿物料汽化的水分量，kg；

干燥速率曲线是干燥速率与物料湿含量的关系曲线。它反映了物料干燥过程的基本规律，如图 3.17 所示，从图中可以明显看出，湿物料在干燥过程中经历了 3 个阶段：物料预热升温段、恒速干燥段和降速干燥段。通常预热阶段时间很短，可以忽略不计。

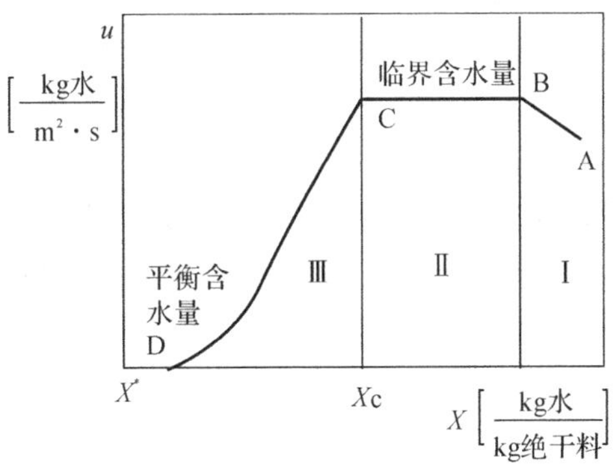

图 3.17　干燥速率曲线

(1) 恒速干燥。在恒定的条件下当水分由物料内层迁移至物料表面的速度大于或等于水分从表面汽化的速率，则物料表面保持完全润湿。干燥速率保持不变，即为等速干燥阶段。此阶段干燥速率大小是由物料表面水分汽化速率而定。物料表面温度约等于该空气状态下的湿球温度。

干燥速率用式(3.41)表示：

$$u=\frac{\mathrm{d}W}{A\mathrm{d}\tau}=\frac{\mathrm{d}Q}{r_{\mathrm{W}}A\mathrm{d}\tau}=K_{\mathrm{d}}(d_{\mathrm{W}}-d)=\frac{h}{r_{\mathrm{W}}}(t-t_{\mathrm{W}}) \tag{3.41}$$

式中：Q—— 由空气起传给物料的热量，kJ；

K_{d}—— 以湿度差为推动力的传质系数，kg/(m^2·s)；

d_{W}——t_W 温度下对应的饱和空气的湿含量，kg 水 /kg 干空气；

d—— 空气的湿度，kg 水 /kg 干空气；

h—— 恒速干燥阶段空气至物料表面传热系数，kW/(m^2·℃)；

t—— 空气的干球温度，℃；

t_{W}—— 物料表面温度，等于空气的湿球温度，℃；

r_{W}—— 温度为 t_{W} 时的水的汽化潜热，kJ/kg。

式(3.41)说明干燥既是传质过程，又是一个传热过程。干燥速率也可根据传热系数 h 求取。对于静止的物料，空气流动方向平行于物料表面时，当空气的质量流量 $G=0.68\sim8.14$ kg/(m^2·s)时，$h=14.3G^{0.8}$，其中 G 为空气的质量流量，kg/(m^2·s)。

$$G=\frac{V_{\mathrm{t}}\rho_{\mathrm{m}}}{A}$$

式中：V_{t}—— 干燥器内空气体积流量，m^3/h；

ρ_{m}—— 空气在干燥器内平均温度 t_{m}(即干燥器进口控温温度与干球温度的平均值)所对应的密度，kg/m^3；

A—— 干燥表面积，m^2。

(2) 降速干燥。当物料湿含量降至临界湿含量以下时，水分由内部向物料表面迁移的速率低于湿物料表面水分的汽化速率，物料干燥速率随着其含水率的减小而下降，即为降速干燥阶段。此阶段物料的干燥速率主要由水分在物料内部的迁移速率所决定。物料表面温度逐渐上升。

干燥速率受到干燥介质的温度、湿度与流动状态、物料的性质与尺寸以及物料与介质的接触方式等多种因素的影响，若这些因素均保持相对恒定，则物料的湿含量将只随干燥时间而降低，根据实验即可作出湿含量与干燥时间关系的干燥曲线和干燥速率与物料湿含量关系的干燥速率曲线。

本实验在常压对流干燥箱内进行，以热空气为干燥介质来加热湿物料，干燥时物料静止，热空气强制对流传热情况下的传质过程。用电子称重传感器与秒表配合，测定物料每失重一定量所需的时间，即可求出该时段内湿分汽化量和干燥速率。

3.10.3 实验装置

实验装置如图3.18所示。

空气由风机1、孔板流量计15，经电加热器14加热后送入干燥室5，对试样6进行干燥，干燥后的废气返回风机，循环使用。电加热器由触点温度计11及温控器12控制，使进入干燥室空气的温度恒定。干燥室的前方装有干球4和湿球温度计10，干燥室后也装有干球温度计4，用以测量干燥室内空气的热状况。风机出口端的温度计用以测量流经孔板流量计的空气温度。空气流速用蝶阀 3 调节，任何时候都不允许全关，否则电加热器就会因为空气不流动引起过热而损坏。

风机进口端的片式阀门用于控制系统所吸入的新鲜空气，而出口端的片式阀门则用于调节系统向外界排出的废气量。

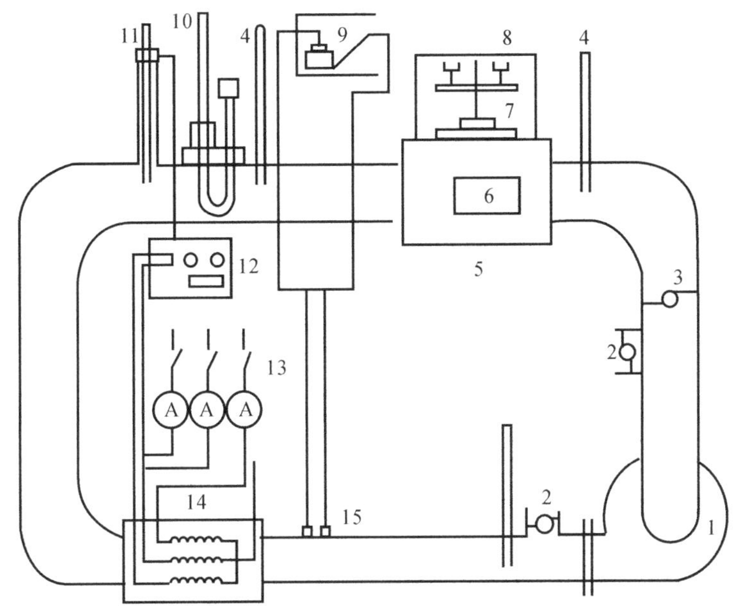

图 3.18　干燥实验设备流程图

1— 风机；2— 片式阀门；3— 蝶阀；4— 干球温度计；5— 干燥室；6— 试样；7— 天平；8— 防风罩；9— 斜管压差计；10— 湿球温度计；11— 触点温度计；12— 温控器；13— 电源开关；14— 电加热器；15— 孔板流量计

3.10.4　实验步骤

(1) 首先将待干燥的试样放在电热干燥箱内，用 90℃ 左右的温度烘约 2 h，冷却后称重，得出试样绝干质量 m_0（为节省时间，此数值可由实验室提供）。

(2) 实验前将已知干重量的试样放入水中浸湿，拿出稍侯片刻，让水分均匀扩散至整个试样，然后称取试样重量。

(3) 开启风机，调节蝶阀至预定风速值，适当打开阀 2。调好触点温度计至预定温度，开加热器，将温控器开关打开，并打开 1 组或 2 组辅助加热器。

待温度接近预定温度时应注意观察，及时增减辅助加热器。避免“超稳失控”或“欠温失控”，直至确信控制正常后，才让其自动运行。

(4) 往湿球温度计加水，不要太多，以避免溢入风道内，并在实验过程中视蒸发情况中途加水 1 ～ 2 次。

(5) 检查天平是否灵活，并调平衡。记下支架重量。待空气状态稳定后，打开干燥室，将湿试样放入。

立即加砝码使天平接近平衡，但砝码一边稍轻，待水分干燥至天平指针平衡时开动第一个秒表记录干燥时间（实验用 2 个秒表），同时记录试样的质量。

(6) 减去 2 ～ 3 g 砝码，待水分再干燥至天平指针平衡时，停第 1 个秒表，同时立即开动第 2 个秒表，记下干燥时间，以后再减 2 ～ 3 g 砝码，如此往复进行，至试样接近平衡水分为止。

(7) 实验结束，先停电加热器，再停风机取下试样，并收拾整理现场。

3.10.5 实验数据记录

试样物料名称__________；　　试样规格__________；

试样绝干质量__________ g；　　开始湿试样质量__________ g；

干燥表面积__________ m^2；　　室温__________ ℃

(1) 实验数据记录。将实验数据填入表 3.13 中。

表 3.13 实验数据表

序号	砝码质量/g	干燥时间/s	室前干球温度 t_1/℃	室前湿球温度 t_W/℃	室后干球温度 t_2/℃	风机口温度/℃	空气流量计示值/mmH_2O

(2) 实验数据整理。将测得的实验数据整理后填入表 3.14 中。

表 3.14 实验数据整理表

序号	ΔW/kg	$\Delta\tau$/s	u/kg/(m^2·s)	x_1/kg 水/kg 绝干料	x_2/kg 水/kg 绝干料	d/kg 水/kg 干空气	d_W/kg 水/kg 干空气	r_W/kJ/kg	G/kg/(m^2·s)	h/kW/(m^2·℃)	K_d/kg/(m^2·s)

(3) 在普通坐标纸上绘出干燥曲线图和干燥速率曲线，并确定临界含水量和平衡含水量。

3.10.6 思考题

(1) 测定干燥速率曲线有何意义？它对设计干燥器及指导工业生产有何帮助？

(2) 试分析恒速干燥阶段干燥速率不变的原因，恒速干燥阶段干燥速率的大小取决于什么？

(3) 影响临界含水量的因素有哪些？临界含水量的测定有何意义？

(4) 什么是恒定干燥条件？本实验装置中采用哪些措施来保持干燥过程在恒定干燥条件下进行？

实验3.11　煤的工业分析

3.11.1　实验目的

(1) 掌握煤的工业分析方法。

(2) 了解煤的性能及煤种的判断方法。

(3) 根据经验公式计算煤的低位发热量。

3.11.2　实验原理

无机材料需要在高温下烧成，因此生产过程中会消耗大量的燃料，目前无机非金属材料工业窑炉所采用的固体燃料以烟煤、无烟煤较为普遍。掌握煤的工业成分的分析方法，可为无机材料工业综合利用热能、节约能源提供可靠依据。

煤的成分分析方法有元素分析和工业分析两种。工业分析是用于分析固体燃料组成的简易方法，也是我国动力用煤成分分析的一个重要项目，被厂矿广泛使用。工业分析组成是用工业分析方法得到煤的规范化组成，不是煤的原始组成，是人们在一定条件下，用加热的方法将燃料中极为复杂的成分加以分解和转化而得到的组成，包括挥发分 V、固定碳 FC、灰分 A、水分 M 四种组成，该组成可以给出煤中可燃成分和不可燃成分的含量，初步判断煤的种类、性质和工业用途。

在燃料中水分是以游离水和化合水两种状态存在的。游离水包括外在水和内在水，外在水是附着在燃料表面的水分，可以用自然干燥的方法去除；而内在水又称固有水，是指吸附在内部毛细孔内的水，可用加热方法测出。化合水又称结晶水，是一部分氢和氧化合并与燃料中化合物结合的水，该水分含量较少，用加热方法不能测出。工业分析组成中的水分是指煤的内在水分或固有水分，不包括结晶水，即将煤置于 105 ～ 110℃ 的鼓风干燥箱中干燥，并进行检查，直至重量变化小于 ±0.001g 时为止，所失去的水分。

挥发分是煤样在特定的条件下受热分解的产物。按我国标准规定，将一定量干燥的煤样放入带盖的瓷坩埚中，置于900±10℃ 的马弗炉中，隔绝空气加热7 min，煤样所失去的质量。煤加热所释放的挥发物的组成很复杂，主要有结晶水、碳氢化合物、碳氧化合物、氢气和焦油蒸气等挥发性成分和热分解产物构成。煤的挥发分常随煤的变质程度而有规律的变化，变质程度越高的煤，挥发分越少。一般来说，挥发分含量高的煤，着火温度低，火焰长，易着火。

我国动力用煤是以煤中干燥无灰基挥发分含量 V_{daf} 大小来划分的，不同类煤的挥发分含量(%) 见表 3.15。

表 3.15　不同煤种的挥发分

煤种	褐煤	烟煤	贫煤	无烟煤
V_{daf}/(%)	＞40	20 ～ 40	10 ～ 20	＜10

因此，须将空气干燥基挥发分换算为干燥无灰基挥发分 V_{daf}。

$$V_{daf} = V_{ad} \times \frac{100}{100-(M_{ad}+A_{ad})}$$

由表 3.15 根据煤质工业分析结果可以判别煤种。

灰分 A 是指将煤样置于 815℃ 的马弗炉中灼烧 40 min 后的残留物，是煤中矿物质的转化产物。灰分的主要成分有 SiO_2，Al_2O_3，Fe_2O_3，CaO 及 MgO，此外还有 K_2O，Na_2O 和 SO_3（以硫酸盐形式存在）。

从测定煤样挥发分的焦渣中移去灰分后的物质称为固定碳（FC）。也就是从煤的的测试试样质量中减去其中的灰分、水分及挥发分含量，剩下的质量就是煤的固定碳含量。固定碳实际上是煤中的有机质在一定的加热制度下产生的热解固体产物，属于焦渣的一部分。固定碳不仅含有碳元素，还有氢、氧、氮等元素。因此，固定碳含量与元素分析组成中的碳元素含量是不相同的两个概念。

本实验通过对实验室中的风干（空气干燥基）煤样所含水分、灰分、挥发分、固定碳进行测定，得到煤的工业分析组成，即

$$\mathrm{M}_{ad} + V_{ad} + \mathrm{A}_{ad} + \mathrm{FC}_{ad} = 100\%$$

实验采用热解质量法，即根据煤样中各组分的不同物理化学性质，控制不同的温度和时间，使其中的某种组分发生分解或完全燃烧，并以失去的质量占原试样质量的百分比即作为该组分的质量分数。

上述各组分的计算式如下：

水分：　　M_{ad} =（失重 / 样品重）× 100%

灰分：　　A_{ad} =（灰重 / 样品重）× 100%

挥发分：　V_{ad} =（失重 / 样品重）× 100% − M_{ad}

固定碳：　$FC_{ad} = 100\% - (M_{ad} + A_{ad} + V_{ad})$

煤的低位发热量可以由氧弹法测量弹筒发热量后计算所得，称为实测法，较为准确。但受测试设备限制，工业中常常根据煤的工业分析用经验公式近似计算燃料的低位发热量。

(1) 无烟煤低位发热量

$$Q_{net,ad} = K_0 - 36\,000M_{ad} - 38\,500A_{ad} - 10\,000V_{ad} \quad (\mathrm{kJ/kg})$$

式中：K_0—— 常数，按表 3.16 查得。

表 3.16　K_0 值与挥发分 V_{daf} 的关系

V_{daf}/(%)	$V_{daf} \leqslant 2.5$	$2.5 < V_{daf} \leqslant 5.0$	$5.0 < V_{daf} \leqslant 7.5$	$V_{daf} > 7.5$
K_0	34 332	34 750	35 169	35 588

注：对于 $A_d > 40\%$ 的无烟煤，$V_{daf} = V_{daf}$（实测值）$- 0.1A_d$。

(2) 烟煤低位发热量。

$$Q_{net,ad} = 100K_1 - (100K_1 + 2510) \times (M_{ad} + A_{ad}) - 1260V_{ad} - 16\,750M_{ad}$$

式中：$16\,750M_{ad}$—— 修正项，仅当 $V_{daf} < 35\%$，且 $M_{ad} > 3\%$ 时才保留，其他情况均不计算；

K_1—— 常数，根据 V_{daf} 和焦渣特性按表 3.17 查得。

表 3.17　K_1 值与挥发分 V_{daf} 的关系

K_1 V_{daf}/(%)	焦渣特性						
	1	2	3	4	5～6	7	8
$10 < V_{daf} \leqslant 13$	352	352	354				
$13 < V_{daf} \leqslant 16$	337	350	354	356			
$16 < V_{daf} \leqslant 19$	335	343	350	352	356		
$19 < V_{daf} \leqslant 22$	329	339	345	348	352	356	358
$22 < V_{daf} \leqslant 28$	320	329	339	343	350	354	356
$28 < V_{daf} \leqslant 31$	320	327	335	339	345	352	354
$31 < V_{daf} \leqslant 34$	306	325	331	335	341	348	350
$34 < V_{daf} \leqslant 37$	306	320	329	333	339	345	348
$37 < V_{daf} \leqslant 40$	306	316	327	331	335	343	348
$V_{daf} > 40$	304	312	320	325	333	339	343

焦渣是煤中的水分及挥发分析出后在坩埚中的残留物，包括煤中的固定碳及灰分。焦渣特性随煤种不同而变化，根据焦渣特性，可以初步判断煤的黏结特性。国家标准规定，焦渣特性分为 8 级：

1) 粉状。全部粉状，没有互相黏着的颗粒。

2) 黏着。用手指轻碰即成粉状，或基本上是粉状，其中有较大的团块或团粒，轻碰即成粉状。

3) 弱黏结。用手轻压即碎成小块。

4) 不熔融黏结。用手指用力压才裂成小块，焦渣上表面无光泽，下表面稍有银白色光泽。

5) 不膨胀熔融黏结。焦渣形成扁平的饼状，煤粒的界限不易分清，表面有明显银白色金属光泽。

6) 微膨胀熔融黏结。用手指压不碎，在焦渣上下表面均有银白色金属光泽，但在焦渣的表面上，具有较小的膨胀泡(或小气泡)。

7) 膨胀熔融黏结。焦渣上、下表面有银白色金属光泽，明显膨胀，但高度不超过 15 mm。

8) 强膨胀熔融黏结。焦渣上、下表面有银白色金属光泽，焦渣高度大于 15 mm。

3.11.3　实验仪器

(1) 马弗炉，带有调温装置；

(2) 电热干燥箱 1 台，带自动调温装置，内附鼓风机，并能维持 105～110℃；

(3) 分析天平 1 台，可精确到 0.000 2 g；

(4) 干燥器 1 个，并装有干燥剂(变色硅胶)；

(5) 称量瓶,小勺,灰皿,坩埚,坩埚钳,坩埚架,秒表,压饼机;

(6) 煤样若干,粒度为 0.2 mm 以下。

3.11.4 实验步骤

1. 水分的测定

(1)用预先干燥和称量过(精确至 0.000 2 g)的称量瓶称取粒度为 0.2 mm 以下的空气干燥煤样 1±0.1 g(精确至 0.000 2 g),平摊在称量瓶中。

(2)打开称量瓶盖,将称量瓶放入预先鼓风并加热到 105～110℃的干燥箱中进行干燥,在一直鼓风的条件下,烟煤 1 h,褐煤和无烟煤干燥 1～1.5 h。

(3)干燥完毕,从干燥箱中取出称量瓶,立即加盖,在空气中冷却 2～3 min 后,放入干燥器中冷却到室温(约 20 min),称重。

(4)进行检查性干燥,每次 30 min,直到连续两次干燥煤样质量的减少不超过 0.001 g 或质量增加时为止。在后一种情况下,要采用质量增加前一次的质量为计算依据。水分在 2%以下时,不必进行检查性干燥。

(5)计算空气干燥煤样的水分含量

$$M_{ad}=(\text{失重} / \text{样品重})\times 100\%$$

2. 灰分的测定

灰分的测定分为缓慢灰化法和快速灰化法。缓慢灰化法为仲裁法;快速灰化法可作为常规分析方法。

(1)缓慢灰化法。

1)在预先灼烧和称出重量(精确至 0.000 2 g)的灰皿中,称取粒度为 0.2 mm 以下的空气干燥煤样 1±0.1 g(精确至 0.000 2 g),煤样在灰皿中铺平。

2)将灰皿送入温度不超过 100℃的箱形电炉中,在自然通风和炉门留有 15 mm 左右缝隙的条件下,用 30 min 缓慢升至 500℃,在此温度下保持 30 min 后,再升到 815±10℃,然后关上炉门并在此温度下灼烧 1 h。

3)从炉中取出灰皿,放在石棉板上,在空气中冷却 5 min,然后放到干燥器中,冷却到室温(约 20 min),称重。

4)再进行检查性灼烧,每次 20 min,直到质量变化小于 0.001 g 为止,采用最后一次测定的重量作为计算依据,灰分小于 15%时不进行检查性灼烧。

(2)快速灰化法。

1)在预先灼烧和称出重量(精确至 0.000 2 g)的灰皿中,称取粒度为 0.2 mm 以下的空气干燥煤样 1±0.1 g(精确至 0.000 2 g),均匀地摊平在灰皿中。

2)把灰皿连同煤样分一排或二、三排按顺序放到加热到 850℃的箱形电炉的门口处,打开炉门,将灰皿缓慢推进电炉入口处使煤样慢慢灰化,待 5～10 min 后,煤样不再冒烟时,以每分钟不大于 2 cm 的速度把二、三排灰皿顺序推入炉内炽热处(若煤样着火发生爆炸,实验作废)。

3)关闭炉门,使其在 815±10℃的温度下,灼烧 40 min。

4)从炉中取出灰皿,先放到空气中冷却 5min,再放到干燥器中冷却到室温(约 20 min),称重。

5)进行检查性灼烧,每次 20 min,直到重量变化小于 0.001 g 为止,采取最后 1 次测定的重量作为计算依据。灰分小于15%的不进行检查性灼烧。如果遇到检查时结果不稳定，应改用缓慢灰化法测定。

6)计算空气干燥煤样的水分含量：

$$A_{ad}=(\text{灰重} / \text{样品重}) \times 100\%$$

3. 挥发分测定

(1)称取粒度为0.2 mm以下的空气干燥煤样1±0.1 g(精确至0.000 2 g)，放入已恒重的坩埚中，加盖。

(2)将坩埚放在坩埚架上，再将坩埚架连同坩埚迅速放入预先加热到920℃的箱形电炉中并关上炉门，在900℃下准确加热7 min。坩埚及架子刚放入后，炉温会有所下降，但必须在3 min内使炉温恢复至900±10℃，否则此实验作废。加热时间包括温度恢复时间在内。

(3)到规定时间后，从炉中取出坩埚，在空气中冷却5～6 min后，放入干燥器中，冷却到室温(约20 min)，称重。

(4)计算空气干燥煤样的挥发分含量：

$$V_{ad}=(\text{失重} / \text{样品重}) \times 100\% - M_{ad}$$

4. 固定碳的计算

$$FC_{ad}=100\% - (M_{ad}+A_{ad}+V_{ad})$$

式中：FC_{ad}—— 空气干燥煤样的固定碳含量，%；

3.11.5　实验结果处理

1. 实验数据记录

将实验数据填入表3.18中。

表3.18　实验数据表

工业组成	容器名称	容器空重 /g	加样总重 /g	样品重 /g	热处理后总重量 /g	计算结果 %
水分 M_{ad}						
灰分 A_{ad}						
挥发分 V_{ad}						
固定碳 FC_{ad}	$FC_{ad}=100\% - (M_{ad}+A_{ad}+V_{ad})$					

2. 判断煤的种类

根据表3.18判别所测煤样的煤种。

3. 计算煤的低位发热量

根据经验公式近似计算燃料的低位发热量。

3.11.6 思考题

(1) 固体燃料的组成有哪几种基准表示，各适用于哪些场合？

(2) 准确进行煤质工业分析的关键是什么？

(3) 元素分析中的碳含量与工业分析中的固定碳含量有何区别？

(4) 煤的工业分析在工程实际中有何作用？

实验 3.12 燃煤发热量的测定

3.12.1 实验目的

(1)掌握氧弹法测定煤的发热量的方法。

(2)了解各种发热量的概念以及它们之间的相互换算。

(3)掌握贝克曼温度计的正确使用方法。

(4)根据经验公式计算煤的低位发热量。

3.12.2 实验原理

无机材料需要在高温下烧成，因此生产过程中会消耗大量的热量，目前无机非金属材料工业窑炉的热源一般是由燃料燃烧产生的。而发热量是衡量燃料品质的一项重要技术指标，掌握热值测定的计算方法，可为无机材料工业综合利用热能、节约能源提供可靠依据。

单位质量的燃料完全燃烧，当燃烧产物冷却到燃烧前的温度时所放出的热量称为燃料的发热量或热值，单位为 kJ/kg。燃料的发热量是表征燃料质量的重要指标，它不仅取决于燃料中可燃物的化学组成，而且还与燃料的燃烧条件及燃烧产物状态有关。

煤的各种发热量名称的含义如下：

1. 煤的弹筒发热量

弹筒发热量是实验室用氧弹式量热计的实测值，是单位质量的煤样在热量计的弹筒内，在过量高压氧(2.8～3.0MPa)中燃烧后产生的热量(燃烧产物的最终温度规定为25℃)。由于煤样是在高压氧气的弹筒里燃烧的，因此发生了煤在空气中燃烧时不能进行的热化学反应。此时，燃料中的碳完全燃烧生成 CO_2，氢燃烧并经冷却变成水。如煤中氮以及充氧气前弹筒内空气中的氮，在空气中燃烧时，一般呈气态氮逸出，而在弹筒中燃烧时却生成 N_2O_5 或 NO_2 等氮氧化合物。这些氮氧化合物溶于弹筒水中生成硝酸，这一化学反应是放热反应。另外，煤中可燃硫在空气中燃烧时生成 SO_2 气体逸出，而在弹筒中燃烧时却氧化成 SO_3，SO_3 溶于弹筒水中生成硫酸。SO_2，SO_3 以及 H_2SO_4 溶于水生成硫酸水化物都是放热反应。所以，煤的弹筒发热量要高于煤在空气、工业锅炉中燃烧时实际产生的热量，是燃料的最高发热量。

煤的燃烧产物为 CO_2，H_2SO_4，HNO_3、水和固态的灰分。

2. 煤的高位发热量

高位发热量是评价燃料质量的标准，是指在常压下，煤在空气中完全燃烧，并当燃烧产物中的水蒸气全部凝结为水时所放出的热量。此时燃烧产物中的三氧化硫、氮氧化物并没有转变成硫酸、硝酸。所以，煤的高位发热量，实际上是由实验室中测得的煤的弹筒发热量减去硫酸和硝酸生成热后得到的热量。

应该指出的是，煤的弹筒发热量是在恒容(弹筒内煤样燃烧室容积不变)条件下测得的，所以又叫恒容弹筒发热量。由恒容弹筒发热量折算出来的高位发热量又称为恒容高位发热量。而煤在空气中大气压下燃烧的条件湿恒压的(大气压不变)，其高位发热量为湿恒压高位发热量。恒容高位发热量和恒压高位发热量两者之间是有差别的。一般恒容高位发热量比恒压高位发热量低 8～16 kJ/kg，实际中当要求精度不高时，一般不予校正。

3. 低位发热量

低位发热量是燃烧计算中使用的标准。在实际燃料燃烧时，温度很高，燃烧产物中的水蒸气均以气态存在，不可能凝结为水而放出汽化热，显然高位发热量减去水的汽化热就是燃料的低位发热量。由恒容高位发热量减掉水的蒸发热，得出的就是恒容低位发热量。

煤的发热量是在氧弹量热计中测定的，取一定量的分析试样放于充有过量氧气的氧弹量热计中完全燃烧，氧弹筒浸没在盛有一定量水的容器中。煤样燃烧后放出的热量使氧弹热量计量热系统的温度升高，根据水的温升和热量计的热容量精确计算出试样的弹筒放热量，进一步算出燃料的高位发热量和低位发热量。

热量计的热容量是在实验前或出厂前事先标定的。其原理是在内筒加入一定量的水(本实验的加水量为 3 000 g)，在氧弹中燃烧一定量的标准燃料——苯甲酸，由于苯甲酸的发热量是已知的，燃料所放出的总热量就可确定。燃料燃烧所放出的热量使筒内水及热量计系统的温度升高，根据筒内水量及热量计系统的温升即可计算出热量计水温每升高 1℃所需热量，即热量计的热容量。本实验量热计的热容量已标明在每台实验设备上，因此实验时向筒内加水的量也必须与标定时相同，误差不得超过 1 g。

热容量 K：量热系统在实验条件下，温度上升 1℃时所需要的热量称为热量计的热容量或水当量 K。以 kJ/℃表示，它可由标定方法确定，即将已知发热量的苯甲酸燃料放于氧弹筒内完全燃烧，测定水的温升，求出 K 值。

3.12.3　实验仪器

(1)量热计，本实验采用 GR－3500 型氧弹式量热计，主要部件有氧弹(弹筒)、量热器(内筒)、量热计外壳(外桶)、搅拌器和贝克曼温度计，如图 3.19 至图 3.21 所示。

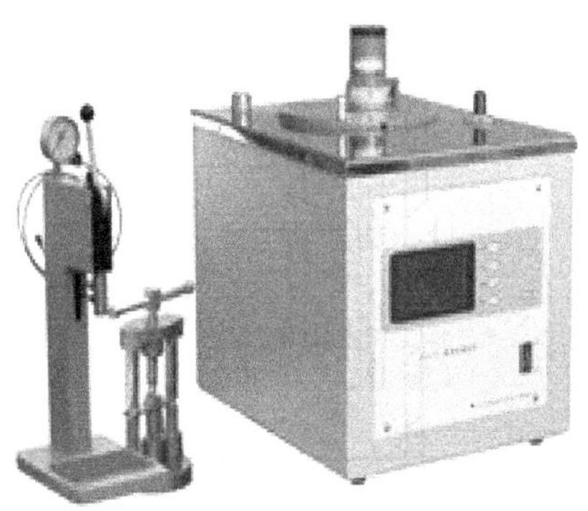

图 3.19　GR－3500 型氧弹量热计

(2)控制箱，用于点火、计时、搅拌和振动温度计等操作。

(3)氧气瓶及氧气减压阀。

(4)压块机，用于将试样压制成圆柱状。

(5)1/10 000 分析天平。

(6)0.1 mol/L 浓度 NaOH 溶液、甲基红试剂 0.2 g/L(称取 0.2 g 甲基红溶解在 100 mL

水中)、滴定台和酒精灯等。

(7)点火丝:直径约 0.1 mm 的铂、铜、镍丝或其他已知热值的金属丝,如使用棉线,则应选用粗细均匀、不涂蜡的白棉线。

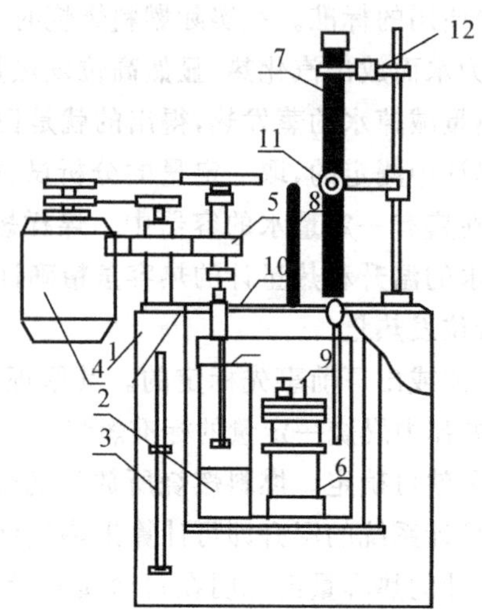

图 3.20 GR—3500 型氧弹式量热计结构

1—外筒;2—量热容器;3—搅拌器;4—搅拌电机;5—绝热支架;6—氧弹;7—贝克曼温度计;8—玻璃温度计;9—点火栓;10—盖子;11—读数放大镜;12—电振荡装置

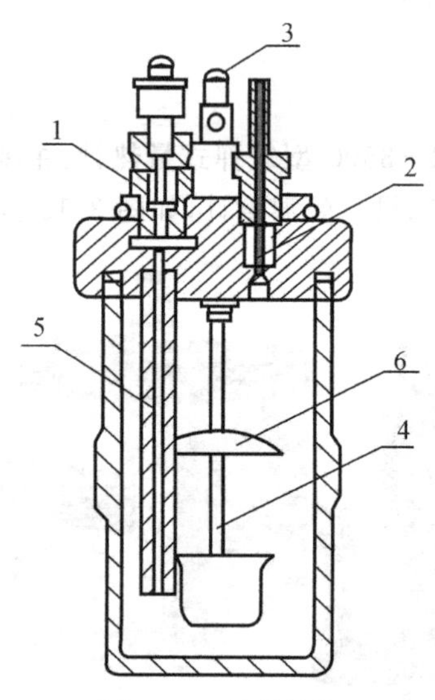

图 3.21 氧弹结构

1—充氧阀;2—放气阀;3—电极;4—坩埚架;5—充气管;6—燃烧挡板

各种点火丝的热值:镍铬丝为 6 000 J/g;铜丝为 2 500 J/g;铁丝为 6 700 J/g;棉线为17 500 J/g。

石棉纸或石棉绒:使用前在 800℃ 灼烧 30 min。

(8)擦镜纸。使用前先测出燃烧热值。方法:抽取 3~4 张纸,团紧,称准重量,放入燃烧皿中,然后按常规方法测定发热量。取 3 次结果的平均值作为标定值。

3.12.4　实验步骤

(1)在燃烧皿中精确称量分析煤样 1±0.1 g(称准到 0.000 2 g),粒度<0.2 mm。

对燃烧时易于飞溅的试样,可先用已知质量的擦镜纸包紧,或在压饼机中压饼,并切成2～4 mm的小块使用。对不易燃烧完全的试样,可先在燃烧皿底部铺上一个石棉纸垫或用石棉绒做衬垫。如加衬垫后仍燃烧不完全,可提高充氧压力至 3.2 MPa,或用已知质量和热量的擦镜纸包裹称好的试样并用手压紧,然后放入燃烧皿中。

(2)取一段已知质量的点火丝,把两端分别接在两个电极柱上。再把盛有试样的燃烧皿放在支架上,调节下垂的点火丝与试样接触(难点燃的无烟煤)或保持微小距离(易燃或易飞溅的煤),注意勿使点火丝接触燃烧皿,以免形成短路而造成点火失败,甚至烧毁燃烧皿。同时还应注意,防止两电极间以及燃烧皿与另一电极之间的短路。

(3)将 10 mL 蒸馏水加入氧弹中,以溶解氮和硫所形成的硝酸和硫酸,小心拧紧弹盖,注意避免燃烧皿和点火丝的位置因受震动而改变。

(4)接上氧气导管,往氧弹中缓缓地充入氧气,直到压力达到 2.8～3.0 MPa。充氧时间不得少于 15 s,当钢瓶中氧气压力降到 5.0 MPa 以下时,充氧时间应酌量延长。压力降到 4.0 MPa 以下时,须更换氧气瓶。

(5)往内筒中加入定量的蒸馏水,使氧弹盖的顶面(不包括突出的氧气阀和电极)淹没在水面下 10～20 mm。要特别注意每次实验的用水量应与标定热容量时一致,误差<1 g。

水量最好用称重法测定。如用容量法,则须对温度变化进行补正。每次实验开始时,要注意恰当地调节内筒水温(一般应使内筒水温稍低于外筒水温 0.5～1℃),使实验终点时内筒温度比外筒温度约高 1℃,以使终点时内筒温度出现明显下降。外筒水温应尽量接近室温,相差不得超过 1.5℃。因外筒终点时过大的温差,将造成过大的冷却校正,从而引起误差。

(6)把氧弹小心地放入内筒中,观察 30～40 s,以检查氧弹的气密性,如氧弹中无气泡漏出,表明气密性良好,则可把内筒放在外筒的绝缘支架上;如有气泡出现,则表示氧弹漏气,应找出原因,加以纠正,重新充氧。然后接上点火线,装上搅拌器和量热温度计(内筒贝克曼温度,外筒为普通温度计),并盖上外筒的盖子。温度计的水银球对准氧弹主体(进、出气阀和电极除外)的中部,温度计和搅拌器均不得接触氧弹和内筒。靠近量热温度计的露出水银计的部件,应另悬一支普通温度计,用以测定露出柱的温度(切忌不要以室温代替此温度)。

(7)开动搅拌机,3 min 后测出贝克曼温度计的基点温度(若已测得基点温度可略此步);5 min后开始计时和读取内筒温度(t_0)并立即通电点火。随后记下外筒温度(t_g)和露出柱温度(t_e)。外筒温度至少精确到 0.05℃,内筒温度借助放大镜精确读到 0.001℃。读取温度时,视线、放大镜中线和水银柱顶端应位于同一水平线上,以避免视差对读数的影响。每次读数前,应开动搅拌器振动 3～5 s,以消除温度计的水银柱运动时由于与管壁摩擦产生的温度滞后现象。

(8)观察内筒温度。通电点火后,如在 30s 内温度急剧上升,则表明点火成功。经过 $1'40''$ 后读取一次内筒温度($t_{1'40''}$),只读准到 0.01℃即可。

(9)接近终点时,每隔 1min 读取内筒温度并记录读数。读取温度前仍要开动振荡器,并要读到 0.001℃。以第一个下降温度作为终点温度(t_n)。实验主要阶段至此为止。

(10)停止搅拌。取出内筒和氧弹,开启放气阀,放出燃烧废气,打开氧弹,仔细观察弹筒和燃烧皿内部,如有试样燃烧不完全的迹象或有碳黑存在,实验应作废。

(11)找出未燃完的点火丝,并量出长度,以便计算实际消耗量。用蒸馏水充分冲洗弹内各部分、放气阀、燃烧皿内外和燃烧残渣。把全部洗液(共约 100 mL)收集在一个烧杯中供测定硫含量使用。

(12)将上述洗液煮沸 1～2 min,取下稍冷后,以甲基红为指示剂,用氢氧化钠溶液(0.1 mol/L)滴定到中和点,记下氢氧化钠的总消耗量 VmL。

(13)称出残余点火丝的重量。

(14)倒掉内筒的水,清洗氧弹,所有仪器归位。

注:(1)将一张擦镜纸(一般重约 0.1～0.15 g,面积为 10～15 cm^2)折为两层,把试样放在纸上摊平,然后包严压紧。对特别难燃的试样,也可用两张擦镜纸,并把充氧压力提高到 3.4 MPa。

(2)贝克曼温度计的基点温度是指贝克曼温度计最下刻度所代表的温度。基点温度实质上是表示水银球中水银量的一种方法。因贝克曼温度计是一种可变测温范围的温度计,虽然其量程只有 5℃或 6℃,但因水银球中水银量是可变的(切断一段移存在毛细管顶部的一个 U 形储槽中),因此它可以测量－10～120℃范围的任何温度变化的温升或温降,而不适合测量绝对温度。用于不同测温范围时,须调节水银球中的水银量(调节方法见后面)。例如测温范围在 21～24℃ 之间,则可调节水银量使温度计放入 20℃的水浴中时(该温度是普通温度计测得的),水银柱顶点指在温度计的最下刻度(通常为 0℃),则 20℃即是贝克曼温度计在测量 21～24℃温度范围内的基点温度。

(3)一般热量计由点火到终点的时间约为 8～10 min。对一台具体热量计而言,可根据以往经验恰当掌握。

(4)在需要用弹筒洗液测定硫含量的情况下,要缓缓放气(放气时间不少于 1 min),并加水稀释适量氢氧化钠标准溶液(约 2 mL)吸收放出的气体。

3.12.5 实验结果处理

1. 校正

(1) 温度计刻度校正:根据检定证书中所给的孔径修正值校正点火温度 t_0 和终点温度 t_n,再由校正后的温度(t_0+h_0)和(t_n+h_n)求出温升,其中 h_0 和 h_n 分别代表 t_0 和 t_n 的孔径修正值。

(2) 贝克曼温度计平均分度值的校正:调定基点温度后,应根据检定证书中所给的平均分度值计算该基点温度下的对应于标准露出柱温度(根据检定证书中所给的露出柱温度计算而得)的平均分度值 H^0。

$$H=H^0+0.000\,16(t_s-t_e)$$

式中:H^0—— 该基点温度下对应于标准露出柱温度时的平均分度值;

t_s— 该基点温度所对应的标准露出柱温度,℃;

t_e—— 发热量测定中实际露出柱温度,℃;

0.000 16—— 水银对玻璃的相对膨胀因数。

(3) 冷却校正:恒温式热量计的内筒在实验过程中与外筒间始终发生热交换,对此散失的热量应予校正,办法是在温升中加上一个校正值 C,这个校正值称为冷却校正值。计算方法如下:首先根据点火时和终点时的内外筒温差($t_0 - t_j$)和($t_n - t_g$)从 v-($t - t_g$)关系曲线中查出相应的 v_0 和 v_n,或根据预先标定出的下列式子中计算出 v_0 和 v_n。

$$v_0 = K(t_0 - t_g) + A,\quad v_n = K(t_n - t_g) + A$$

式中:v_0—— 在点火时的内外筒温差的影响下造成的内筒降温速度,℃/min;

v_n—— 在终点时的内外筒温差的影响下造成的内筒降温速度,℃/min;

K—— 热量计的冷却常数;

A—— 热量计的综合常数;

t_0—— 点火时的内筒温度;

t_n—— 终点时的内筒温度;

t_g—— 外筒温度。

然后计算冷却校正值,公式如下:

$$C = (n - a)v_n + av_0$$

式中:C—— 冷却校正值,℃;

n—— 由点火到终点的时间,min;

α—— 当 $\Delta/\Delta_{1'40''} \leqslant 1.20$ 时,$\alpha = \Delta/\Delta_{1'40''} - 0.10$。

当 $\Delta/\Delta_{1'40''} > 1.20$ 时,$\alpha = \Delta/\Delta_{1'40''}$;

其中 Δ 为主期内总温升($\Delta = t_n - t_0$),$\Delta_{1'40''}$ 为点火后 $1'40''$ 时的温升($\Delta_{1'40''} = t_{1'40''} - t_0$)。

在自动量热计中,或在特殊需要的情况下,可使用瑞-方公式:

$$C = nV_0 + \frac{V_n - V_0}{t_n - t_0}\left(\frac{t_0 - t_n}{2} + \sum_i^n t_i - nt_0\right)$$

式中:t_i—— 主期内第 i min 时的温度;

其余符号,意义同前。

使用瑞-方公式,在操作步骤上要求点火后每分钟读取温度1次,直至终点。

(4) 点火丝热量校正:在熔断式点火法中,应由点火丝的实际消耗量(原用量减去残余量)和点火丝的燃烧值计算实验中点火丝放出的热量。

在棉线点火法中,首先计算出所用一根棉线的燃烧热(剪下一定数量适当长度的棉线,称出它们的质量,然后算出一根棉线的质量,再乘以棉线的单位热值),然后确定每次消耗的电热能。

$$\text{电能产生的热量(J)} = \text{电流(A)} \times \text{电压(V)} \times \text{时间(s)}$$

两者放出的总热量即为点火热。

2. 实验数据记录

将实验数据填入表3.19中。

表 3.19 实验数据表

量热系统热容量	$E=$ ______ J/℃	试样质量	$m=$ ______ g
点火丝原重	$m_{点}=$ ______ g	残余点火丝重	$m_{残点}=$ ______ g
贝克曼温度计基点温度所对应的标准露出柱温度	$t_s=$ ℃	贝克曼温度计基点温度下对应于标准露出柱温度的平均分度值	$H^0=$
初期温度	$t_0=$ ℃ $t_g=$ ℃ $t_e=$ ℃	终期温度	$t_8=$ ℃ $t_9=$ ℃ …… $t_n=$ ℃
点火期温度	$t_{1'40''}=$ ℃	贝克曼温度计孔径校正值	$h_0=$ ℃ $h_n=$ ℃
热量计的冷却常数	$K=$ min^{-1}	消耗 0.1mol/L 的 NaOH 溶液体积	$V=$ mL
热量计的综合常数	$A=$ ℃ · min^{-1}		

3. 恒温式热量计的发热量的计算

(1) 弹筒发热量计算公式如下：

$$Q_{b,ad}=\frac{EH[(t_n+h_n)-(t_0+h_0)+C]-(q_1-q_2)}{m}$$

式中：$Q_{b,ad}$—— 分析煤样的弹筒发热量，J/g；

E—— 热量计的热容量(水当量)，J/℃；

H—— 贝克曼温度计校正后的平均分度值；$H=H^0+0.000\ 16(t_s-t_e)$

q—— 点火丝产生的热量，J；

$q_1=$(点火丝原重－残余点火丝质量)×所用点火丝发热量

q_2—— 添加物产生的热量，J；

n—— 由点火到终点的时间；

m—— 试样的重量，g；

C—— 冷却校正值，℃，$C=(n-a)v_n+av_0$；

各种点火丝的发热量见表 3.20。

表 3.20 各种点火丝的发热量

丝的种类	铁丝	铜丝	铂丝	镍铬丝	棉线
发热量 /(J · g^{-1})	6 700	2 510	427	1 400	17 500

(2) 高位发热量计算公式：

$$Q_{gr,ad}=Q_{b,ad}-(94.1S_{b,ad}+aQ_{b,ad})$$

式中：$Q_{gr,ad}$—— 分析试样的高位发热量，J/g；

$Q_{b,ad}$—— 分析试样的弹筒发热量，J/g；

$S_{b,ad}$—— 由弹筒洗液测得的煤的含硫量 %，当全硫含量低于 4% 时或发热量大于 14.60 MJ/kg 时，可用全硫或可燃硫代替 $S_{b,ad}$。

94.1—— 煤中每 1% 硫的校正值，J；

α —— 硝酸校正系数：当 $Q_b \leqslant 16.70$ MJ/kg，$a = 0.001$；

当 16.70 MJ/kg $< Q_b \leqslant 25.10$ MJ/kg，$a = 0.0012$；

当 $Q_b > 25.10$ MJ/kg，$a = 0.0016$。

加助燃剂后，应按总释热量考虑。

在需要用弹筒洗液测定 $S_{b,ad}$ 的情况下，把洗液煮沸 1 ~ 2 min，取下稍冷后，以甲基红(或相应的混合指示剂) 为指示剂，用氢氧化钠标准溶液滴定，以求出洗液中的总酸量，然后计算出 $S_{b,ad}$(%)：

$$S_{b,ad} = (CV/m - aQ_{b,ad}/60) \times 1.6$$

式中：C—— 氢氧化钠溶液的物质的量浓度，约为 0.1 mol/L；

V—— 滴定用去的氢氧化钠溶液的体积，mL；

60—— 相当于 1 mmol 硝酸的生成热，J。

(3) 恒容低位发热量的计算。工业上多以收到基煤的低位发热量进行计算和设计。收到基的恒容低位发热量的计算方法如下：

$$Q_{net,v,ar} = (Q_{gr,ad} - 206H_{ad}) \frac{100 - M_{ar}}{100 - M_{ad}} - 23M_{ar}$$

式中：$Q_{net,v,ar}$—— 收到基煤的低位发热量，J/g；

$Q_{gr,ad}$ —— 分析试样的高位发热量，J/g；

M_{ar}—— 收到基全水分，%；

M_{ad}—— 分析试样的水分，%；

H_{ad}—— 分析试样的氢含量，%。

(4) 恒压低位发热量的计算。由弹筒发热量算出的高位发热量和低位发热量都属恒容状态，在实际工业燃烧中则是恒压状态，严格地讲，工业计算中应使用恒压低位发热量，如有必要，恒压低位发热量可按如下的公式计算：

$$Q_{net,p,ar} = (Q_{gr,ad} - 212H_{ad} - 0.8O_{ad}) \frac{100 - M_{ar}}{100 - M_{ad}} - 24.4M_{ar}$$

式中：$Q_{gr,ad}$—— 分析试样的高位发热量，J/g；

M_{ar}—— 收到基全水分，%；

M_{ad}—— 分析试样的水分，%；

H_{ad}—— 分析试样的氢含量，%；

O_{ad}—— 分析试样的氧含量，%。

(5) 各种不同基的煤的发热量换算。各种不同基的煤的发热量(低位发热量除外) 互换计算式如下：

$$Q_{ar} = Q_{ad} \frac{100 - M_{ar}}{100 - M_{ad}}$$

$$Q_d = Q_{ad} \frac{100}{100 - M_{ad}}$$

$$Q_{daf} = Q_{ad} \frac{100}{100 - M_{ad} - A_{ad} - w(CO_2)_{ad}}$$

式中：Q—— 弹筒发热量或高位发热量，J/g；

M_{ar}—— 收到基全水分，%；

M_{ad}—— 分析试样的水分，%；

A_{ad}—— 分析试样的灰分，%；

$w_{(CO_2)ad}$—— 分析试样的碳酸盐二氧化碳质量分数，%，不足 2% 可忽略不计；

ar，ad，d，daf—— 分别代表收到基、空气干燥基、干基和干燥无灰基。

3.12.6 实验注意事项

(1)实验室应设在单独房间，不得在同一实验室进行其他实验项目。

(2)室温应尽量保持恒定，每次测定时，室温变化不应超过 1℃，冬夏季室温以不超出 15～35 ℃的范围为宜。

(3)室内应无强烈的空气对流，因此不应有强烈的热源和风扇等，实验过程中应避免开启门窗。实验室最好朝北，以避免阳光照射，否则热量计应放在不受阳光直射的地方。

3.12.7 自动量热仪的使用

自动量热仪一般是根据经典原理设计的。测试精度和准确度符合要求，就可以使用。

自动量热仪操作步骤：

(1)打开自动量热仪及其控制计算机电源。

(2)打开自动量热仪的操作控制软件，调节温度平衡，在系统设置内设置实验显示的参数。

(3)在燃烧皿中精确称量分析煤样，粒度<0.2 mm，1 ± 0.1 g(称准到 0.000 2 g)。

(4)取固定质量的点火丝，把两端分别接在氧弹上盖的两个电极柱上。再把盛有试样的燃烧皿放在支架上，调节下垂的点火丝与试样接触或保持微小距离。注意勿使点火丝接触燃烧皿，以免短路。

(5)往氧弹中加入 10 mL 蒸馏水，以溶解氮和硫所形成的硝酸和硫酸，小心拧紧弹盖。

(6)接上氧气导管，往氧弹中缓缓地充入氧气，直到压力达到 2.8～3.0 MPa。充氧时间不得少于 30 s。

(7)把氧弹小心地放入内筒中(检查氧弹的气密性，如氧弹中无气泡漏出，则表明气密性良好；如有气泡出现，则表示氧弹漏气，应找出原因，加以纠正，重新充氧)，关闭自动量热仪上盖。

(8)在软件控制窗口输入试样质量，自动开始实验，记录实验结果，计算发热量。

(9)实验结束输入试样的全水分，分析试样的水分，氢元素、硫元素的百分含量，计算高位发热量和低位发热量并打印输出实验结果。

(10)取出氧弹放出废气，清理实验物品，实验台摆放整齐。关闭仪器，结束实验。

3.12.8 思考题

(1)进行煤的发热量测定为什么要预先进行系统热容量标定？在实验时应注意保证哪些条件？

(2)根据各种发热量概念，阐述本实验过程与工业燃烧过程有何区别。

实验3.13　油黏度的测定

3.13.1　实验目的

(1)了解测定燃油黏度的意义。

(2)掌握黏度的测定方法和步骤。

3.13.2　实验原理

我国硅酸盐工业及其他工业窑炉,使用的燃料油主要是重油,各地重油的元素成分基本相近,但其物理性能和燃料特性却有很大差别。因此为安全有效地使用重油,还需要了解燃油的特性。

黏度是表征重油流动性能的指标。重油的黏度不仅与原油的产地及加工过程有关,还受压力、温度的影响。重油的黏度随着压力升高而增大,随着温度的升高而降低。但在1MPa压力以下时,压力对黏度的影响可忽略。选择合理的加热温度,使重油达到一定的黏度以满足各种不同条件下的要求,甚为重要。若重油的温度过低,黏度过大,会使装卸、过滤、输送困难,雾化不良;温度过高,则易使油剧烈气化,造成油罐冒顶,发生事故,也容易使烧嘴发生气阻现象,燃烧不稳定。

重油的黏度和它的摩擦力有一定的关系,可按牛顿内摩擦定律计算:

$$F=\eta S\frac{\mathrm{d}V}{\mathrm{d}x}$$

式中:F —— 内摩擦力,N;

η —— 绝对黏度,Pa·s;

S —— 接触面积,m^2;

$\frac{\mathrm{d}V}{\mathrm{d}x}$ —— 速度梯度,L/s。

工业上,重油常用的黏度标准是以恩氏黏度($^{\circ}E$)来表示的,恩氏黏度($^{\circ}E$)是用恩格勒黏度计测定的,为重油的相对黏度,即在测定温度下,油从恩格勒黏度计中流出200 mL所需的时间τ(s)与20℃蒸馏水流出200 mL所需的时间τ_0(约52 s)之比值,即

$$^{\circ}E=\frac{\tau}{\tau_0}$$

3.13.3　实验装置

(1) 恩格勒黏度计,如图3.22和图3.23所示;

(2) 秒表一只,用以测定液体的流出时间。

3.13.4　实验步骤

(1) 在加热水浴中加入一定的水,一般应比容器内液面高1 cm;当测定100 ℃以上液体的黏度时,应加入矿物油。

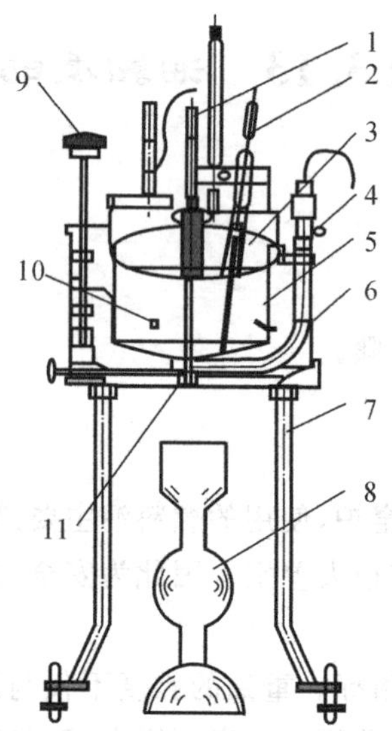

图 3.22　恩格勒黏度计构造示意图

1— 开止栓；2— 温度计；3— 容器盖；4— 加热水浴；5— 盛液容器；
6— 加热器；7— 支架；8— 容器瓶；9— 搅拌器；10— 液面标志尖端；11— 出水锐孔

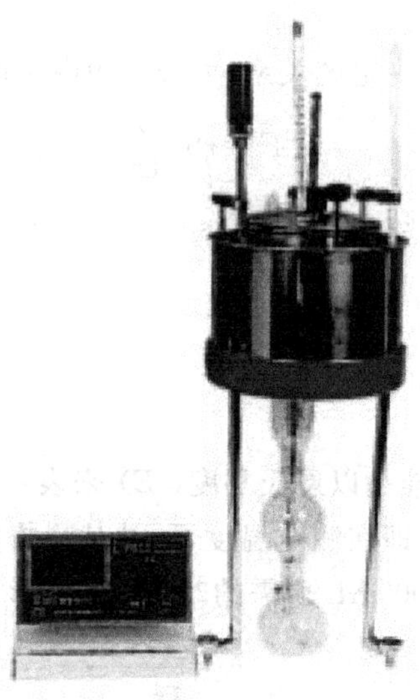

图 3.23　WEN－1A 石油产品恩氏黏度计(数显)

(2) 用开止栓把出水锐孔堵住后，向容器内加入待测的液体，一直加到液面与 3 个尖端标志相接触为止。

(3) 打开加热器，使容器内的被测液体温度升至所需的温度，实验可在 40℃，60℃，80℃ 各测一次。

(4) 拔起开止栓，测定 200 mL 液体流出所需的时间，当流出时应保持温度恒定。

(5) 黏度很大的油(恩氏黏度大于10) 可测 100 mL，50 mL，20 mL 流出的时间，如将其换算成 200 mL 流出所需要的时间，应分别乘以 2.392，4.967 及 12.85 的换算系数。

3.13.5　实验数据及处理

1. 测定数据的记录

将实验数据填入表3.21中。

表3.21　实验数据表

测定温度/℃	测定时间/s	标准时间/s	恩式黏度
40			
60			
80			

2. 恩式黏度的计算

计算公式如下：

$$^{\circ}E = \frac{\tau}{\tau_0}$$

3.13.6　实验注意事项

实验时要把仪器安稳妥当，防止倾斜和漏油，同时注意安全。

3.13.7　思考题

(1)油黏度的测定对无机材料的工业生产有何意义？

(2)影响重油黏度的因素有哪些？

实验3.14　烟气成分分析

3.14.1　实验目的

(1)掌握奥氏气体分析仪的操作方法，能独立进行烟气成分分析的测定。

(2)根据烟气成分进行空气过剩系数 α 的计算，分析燃烧情况。

(3)了解烟气成分分析在指导燃料燃烧中的作用。

3.14.2　实验原理

一般说来，不论是固体燃料、液体燃料还是气体燃料，其燃烧产物——烟气——的主要成分都是 H_2O，CO_2，O_2，CO 及 N_2。在无机材料工业生产中，通过对窑炉的不同部位的烟气成分进行分析，不仅可以判断窑炉内的供风以及燃料燃烧情况，合理地调整燃料量和空气量，使之燃烧完全或控制一定的气氛制度，估计设备的热效率，以达到较好的经济效果，而且可以发现系统的漏风量情况，对指导生产有着十分重要的意义。

工业上，用于烟气成分分析的仪器种类有很多。按使用原理不同，可分为化学式和物理式两种基本类型。化学式气体分析仪是用不同的化学吸收剂来顺序吸收一定体积(常取100

mL)混合气体中的单一成分，然后测出混合气体经被吸收以后的体积缩减量，即为被吸收气体成分的容积百分含量。吸收剂的排列顺序应使每种连续试剂只吸收气体混合物中的一种成分，而不与剩余成分起反应。这类仪器又分人工分析和自动分析两种。物理式气体分析仪是利用混合气体中被测定成分的某一物理性质(密度或重度、热导率、磁化率、黏度、扩散能力、折射率等)和其余成分的同一物理性质的显著差异来分析的，例如红外线气体分析仪、热导式气体分析仪等。

本实验采用较简单的化学式气体分析仪——奥氏气体分析仪。它是一种利用不同的化学试剂对混合气体的选择性吸收来达到对烟气成分进行分析的方法，主要是对燃烧产物中的 CO_2，O_2和 CO 的体积百分比进行测定。它主要由三个化学吸收瓶组成，利用不同化学药剂对气体的选择性、吸收特性进行的。

吸收瓶 1 内盛放氢氧化钾溶液(KOH)，它吸收烟气中的 CO_2与 SO_2气体。在烟气成分中常用 RO_2表示 CO_2与 SO_2容积总和，即 $RO_2=CO_2+SO_2$。

其化学反应式如下：

$$2KOH+CO_2 \rightarrow K_2CO_3+H_2O$$

$$2KOH+SO_2 \rightarrow K_2SO_3+H_2O$$

吸收瓶 2 内盛焦性没食子酸苛性钾溶液[$C_6H_3(OK)_3$]，它可吸收烟气中的 RO_2与 O_2气体。当 RO_2被吸收瓶 1 吸收后，吸收瓶 2 则吸收的烟气容积中的 O_2气体。

焦性没食子酸苛性钾溶液吸收 O_2的化学反应式为

$$4C_6H_3(OK)_3+O_2 \rightarrow 2[(OK)_3C_6H_2—C_6H_2(OK)_3]+2H_2O$$

吸收瓶 3 内盛氯化亚铜的氨溶液[$Cu(NH_3)_2Cl$]，它可吸收烟气中的 CO 气体。其化学反应式为

$$Cu(NH_3)_2Cl+2CO \rightarrow Cu(CO)_2Cl+2NH_3$$

它同时也能吸收 O_2气体。故烟气应先通过吸收瓶 2，使 O_2被吸收后，这样通过吸收瓶 3 吸收的烟气只剩下 CO 气体了。

经过上述几步的吸收，最后剩下的气体体积即为 N_2 的体积。

综上所述，三个吸收瓶的测定程序切勿颠倒。在环境温度下，烟气中的过饱和蒸气将结露成水，因此在进入分析器前，烟气应先通过过滤器，使饱和蒸气被吸收，故在吸收瓶中的烟气容积为干烟气容积 V_{gy}，气体容积单位为 m^3/kg，测定的成分为干烟气体积分数，即 $\varphi_{CO_2}+\varphi_{SO_2}+\varphi_{O_2}+\varphi_{CO}+\varphi_{N_2}=100\%$。

$$\varphi_{CO_2}=\frac{V_{CO_2}}{V_{gy}}\times 100\% \tag{3.42}$$

$$\varphi_{SO_2}=\frac{V_{SO_2}}{V_{gy}}\times 100\% \tag{3.43}$$

$$\varphi_{O_2}=\frac{V_{O_2}}{V_{gy}}\times 100\% \tag{3.44}$$

$$\varphi_{CO}=\frac{V_{CO}}{V_{gy}}\times 100\% \tag{3.45}$$

$$\varphi_{N_2}=\frac{V_{N_2}}{V_{gy}}\times 100\% \tag{3.46}$$

3.14.3 实验仪器

实验采用的奥氏气体分析仪，主要部件包括过滤器、量筒(100 mL)、水准瓶、三通旋塞、吸收瓶，如图 3.24 所示。仪器的主要部分是三个吸收瓶，每个吸收瓶是由底部连通的装有吸收液的前后 2 个瓶所组成。前瓶通过旋塞 K 可吸入气样。后瓶则是在分析过程中储存吸收液，避免溢出。为防止吸收液在空气中吸收 O_2，在储液瓶液面加少许石蜡封液，吸收瓶分别通过旋塞 K_1，K_3 和 K_3 与梳形管路相通，管路一端经三通阀和气样或大气相通，另一端与量气管相通。量气管下端通过胶管与水准瓶联接，在水准瓶中用饱和食盐水做封闭液。为防止 CO_2 溶于封闭液，可在封闭液中加少量 Na_2CO_3，以甲基红着色。通过水准瓶的抬高或下降，可以把气体吸入或排出。仪器所有连结处都用胶管对封严，旋塞及三通阀均涂凡士林密封。

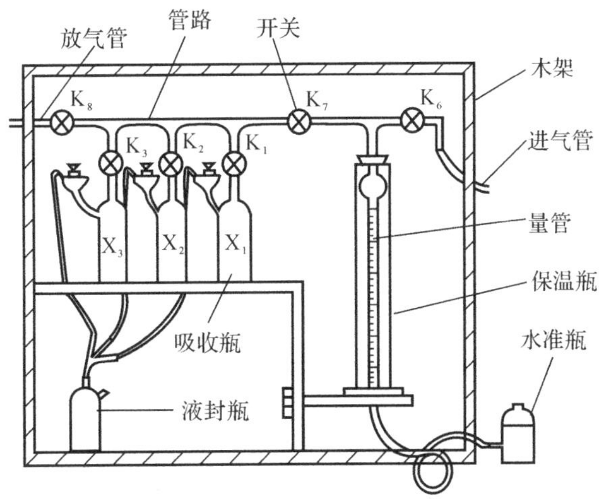

图 3.24　奥氏气体分析仪示意图

3.14.4 实验步骤

1. 吸收剂配置

(1)苛性钾(KOH)水溶液。取 1 份质量的 KOH 溶于 2 份质量的蒸馏水中。此溶液的吸收能力为 1 mL 约可吸收 40 mL 的 CO_2。待溶液中有白色结晶析出时，说明溶液已被饱和，应更换新的吸收液。

(2)焦性没食子酸碱溶液。焦性没食子酸钾吸收液是由以下两种 A，B 溶液混合而成：A 液：把 5g 焦性没食子酸溶于 15 mL 蒸馏水中；B 液：把 48g 氢氧化钾溶于 52 mL 蒸馏水中。此种溶液吸收氧的能力与溶液的温度和氧的含量有关。当温度不低于 25℃而混合气体中氧含量不超过 25%时，吸收能力最强最快。如果氧含量大于 25%而温度低于 15℃，吸收能力较小较慢，当温度低于 12℃时，便不能吸收。该溶液 1 mL 约可吸收 12 mL 的 O_2。

(3)氯化亚铜铵溶液。将氯化铵 250g 溶于 750 mL 水中，加入 200g 氯化亚铜，再把一份(体积)密度为 0.90 g/cm^3 的氨水同上述的 3 份(体积)溶液混合。配制时应严格控制氨水的加入量，因为如加入量不够，吸收力变小；如加入量过大，氨蒸气会影响测定结果。此溶液 1 mL可吸收约 15 mL 的 CO。

(4)封闭溶液:量筒和水准瓶的水不应吸收烟气任一成分,这种水被称为封闭溶液。封闭溶液采用饱和食盐水,它由蒸馏水加氯化钠 NaCl 达到饱和状态配制而成。溶液中通常加入少量甲基橙和盐酸,呈红色,以使读数清晰。

2. 取气样

烟气试样的取得可采用吸气双连球取样。吸气双连球取烟气试样的连接方法如图 3.25 所示。取样时,把取气管从烟囱的测孔插入,使取气管的进气口迎着烟气排出的方向;将排气管及储气球胆进气口用铁夹子夹紧(储气球胆中的气体要排净);用手反复挤压双连球,将烟气连同吸气管中残余气体一起吸入下球,待下球装满气体后,打开排气管夹子,将这部分混合气体排出,再将夹子夹紧,继续吸气,当把吸气管路中的残存气体排净后,即可夹紧排气管。打开储气球胆进气中夹子,反复压挤,至球胆中充满烟气。最后将气球胆进气中夹紧,取下后即可待用。

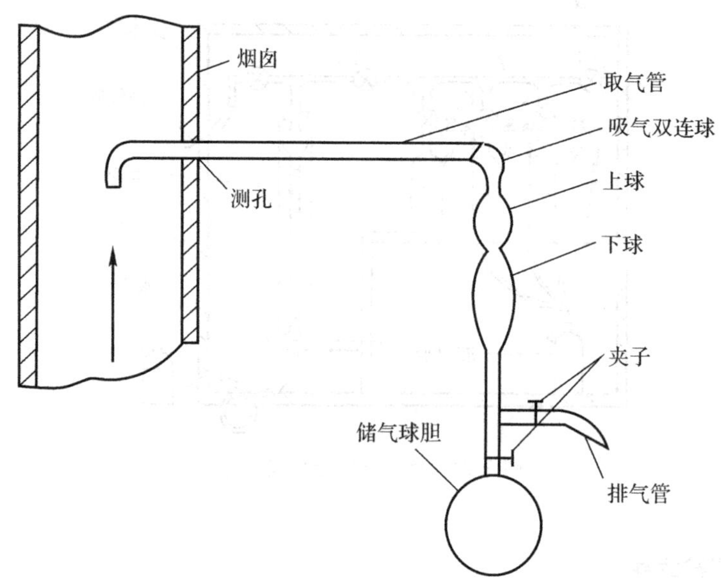

图 3.25 吸气双连球取烟气试样的连接方法

3. 装溶液

奥氏气体分析器共有 5 个吸收瓶,因为做烟气分析,一般测烟气中 CO_2,O_2,CO 及 N_2 的含量,所以只用其中的 3 个即可。

为方便操作,选用 X_1,X_2,X_3 三个吸收瓶盛装吸收液,其中 X_1 盛装 KOH 溶液,用以吸收 CO_2;X_2 中盛装焦性没食子酸钾溶液,用以吸收 O_2;X_3 中盛装氯化亚铜铵溶液,用以吸收 CO。每瓶吸收液装入量约 200 mL。

将水准瓶内装入约 200 mL 5%硫酸溶液中,加甲基橙数滴,使溶液呈现红色,作为指示剂溶液。再把液封瓶及保温套中注满蒸馏水,以起到液封及保温作用。

4. 检查仪器的严密性

关闭 K_1～K_6 开关,打开 K_7,K_8 开关,抬高水准瓶,使量瓶中充满指示剂溶液,然后关闭 K_8,落下准瓶。如果此时量管中的指示液没有明显下降,即说明仪器的严密性可靠。如果量管中的指示液随水准瓶的落下而有明显的下降,则说明仪器有漏气的地方,应找出漏气处,严加密封。

5. 操作过程

(1)用水准瓶分别调节各吸收瓶内吸收液的液面,使各瓶内吸收液充满至阀门处。

注意:在调节某一吸收瓶内的吸收液封时,应关闭其他吸收瓶的开关。

(2)关闭 K_1 至 K_6 开关,打开 K_7 及 K_8,提高水准瓶,使指示液充满量管,将管路中空气排出。把烟气试样接入干燥管进口,关闭 K_8,打开 K_6,降低水准瓶,使烟气吸入量管。然后打开 K_8,提高水准瓶此时吸入之烟气连同管路中的残余空气一起排出。这样整个管路均被烟气"清洗"了一次,若"清洗"不净,可再"清洗"1～2 次。

(3)清洗完毕,提高水准瓶,使量管中充满指示液,关闭 K_8,打开 K_6,降低水准瓶。准确吸入烟气 100 mL。关闭 K_6 打开 K_1,提高水准瓶,将烟气压入 X_1 吸入瓶内,然后再将水准瓶位置降低,使烟气又被吸回量气管中,经过这样 3～4 次压入和吸回的过程后,将烟气吸入量气管内,关闭 K_1 把水准瓶靠近量气管,使水准瓶口指示液面与量气管中指示液面对齐至同一高度,记下此时量气管中液面读数。每次打开 K_1,重复上法操作,直到量气管中液面读数不变,即说明 CO_2 已被完全吸收,记下读数 V_1。

然后再打开 K_2,按上述方法进行 O_2 的测定,记下读数 V_2。最后打开 K_3,进行 CO 的测定,记下读数 V_3。

3.14.5　实验注意事项

(1)为增加气体分析结果的代表性和可靠性,同一个测点,应重复多次取样分析,或同一截面应选取多个测点取样分析,取各次或各点分析所得数值的算术平均值作为该点或该截面烟气分析的最后结果。

(2)分析过程应避免环境温度有过头波动而造成气体容积的变化,引起分析误差。环境温度 20℃或稍高时较宜,因 15℃以下时,吸收 O_2 极缓慢,分析结果不准确。

(3)吸收 CO 不宜时间太长,以防已吸收的 CO 再逸放出来。

(4)升降平衡瓶切勿过高过低,严防封闭液或吸收剂进入管路,升降速度不宜过快过猛,避免空气或气样越过吸收瓶底连接管而逸出,产生测量误差。

(5)分析过程中,须经常检查仪表的严密性。

3.14.6　实验结果处理

1. 实验数据记录

将实验数据填入表 3.22 中。

表 3.22　实验数据表

序号	名　称	符号	单　位	数值来源与计算	数　值			
					1	2	3	平均
1	烟气试样取量	V	mL	按规定抽取	100	100	100	
2	瓶 X_1 吸收后试样剩余量	V_1	mL	测　　定				
3	瓶 X_2 吸收后试样剩余量	V_2	mL	测　　定				

续表

序号	名　称	符号	单　位	数值来源与计算	数　值			
					1	2	3	平均
4	瓶 X_3 吸收后试样剩余量	V_3	mL	测　定				
5	RO_2 的容积	V_{RO_2}	mL	$100-V_1$				
6	O_2 的容积	V_{O_2}	mL	V_1-V_2				
7	CO 的容积	V_{CO}	mL	V_2-V_3				
8	N_2 的容积	V_{N_2}	mL	$100-V_1-V_2-V_3$				

2. 计算各成分的体积分数

试样中 RO_2，O_2，CO，N_2 的体积计算公式如下：

$$\varphi_{RO_2}=\frac{100-V_1}{100}\times 100$$

$$\varphi_{O_2}=\frac{V_1-V_2}{100}\times 100$$

$$\varphi_{CO}=\frac{V_2-V_3}{100}\times 100$$

$$\varphi_{N_2}=100\%-(\varphi_{RO_2}+\varphi_{O_2}+\varphi_{CO})\%$$

式中：φ_{RO_2}，φ_{O_2}，φ_{CO}，φ_{N_2}——烟道气中各气体成分的体积分数；

V_1，V_2，V_3——在气体分析器第 1，2，3 组吸收瓶吸收后量气管上的最终读数，mL。

3. 计算空气过剩系数 α

根据烟气成分分析结果，空气过剩系数的计算公式如下：

$$\alpha=\frac{\varphi_{N_2}}{\varphi_{N_2}-\frac{79}{21}(\varphi_{O_2}-0.5\varphi_{CO})}$$

式中：α——空气过剩系数；

79——空气中 N_2 占的体积分数；

21——空气中 O_2 占的体积分数；

φ_{O_2}，φ_{CO}，φ_{N_2}——烟道气分析所得各气体成分的体积分数。

3.14.7　思考题

(1)测试过程中如何保证测试精度？

(2)奥氏气体分析仪的原理是什么？有什么优缺点？

(3)烟气中各组分的测定顺序能否颠倒？为什么？

(4)在进行测定 CO 的操作时，量气管中被测气体有时不但不减少，反而增加，为什么？

附　　录

附表 1　主要物理量的 SI 制单位

单位类别	物理量	单位名称	单位符号
基本单位	长度	米	m
	质量	千克	kg
	时间	秒	s
	电流强度	安[培]	A
	热力学温度	开[尔文]	K
	物质的量	摩[尔]	mol
	发光强度	坎[德拉]	cd
辅助单位	平面角	弧度	rad
	立体角	球面度	sr
导出单位	面积	平方米	m^2
	体积	立方米	m^3
	摩尔体积	立方米每摩[尔]	m^3/mol
	频率	赫[兹]	Hz(1/s)
	密度	千克每立方米	kg/m^3
	摩尔质量	千克每摩[尔]	kg/mol
	速度	米每秒	m/s
	角速度	弧度每秒	rad/s
	力	牛[顿]	N
	压强	帕[斯卡]	Pa(N/m^2)
	表面张力	牛[顿]每米	N/m
	冲量、动量	牛[顿]秒	N·s
	功、能量、热量、焓	焦[耳]	J(N·m)
	摩尔内能、摩尔焓	焦[耳]每摩[尔]	J/mol
	功率	瓦[特]	W(J/s)
	热容量、熵	焦[耳]每开[尔文]	J/K
	摩尔热容量、摩尔熵	焦[耳]每摩[尔]开[尔文]	J/(mol·K)
	比热	焦[耳]每千克开[尔文]	J/(kg·K)
	黏滞系数	牛[顿]秒每平方米	$N·s/m^2$

续 表

单位类别	物理量	单位名称	单位符号
导出单位	导热系数	瓦[特]每米开[尔文]	W/(m·K)
	扩散系数	平方米每秒	m^2/s
	电量	库[仑]	C(A·s)
	电压、电动势	伏[特]	V(W/A)
	电阻	欧[姆]	Ω(V/A)

附表 2　常用基本物理量

物理常数	符　号	数　值
真空中的光速	c	$2.99792458\times10^{8}\,m\cdot s^{-1}$
万有引力常数	G_0	$6.6720\times10^{-11}\,m^3\cdot s^{-2}$
阿伏加德罗常数	N_0	$6.022045\times10^{23}\,mol^{-1}$
摩尔气体常数	R	$8.31441\,J\cdot mol^{-1}\cdot K^{-1}$
玻尔兹曼(Boltzmann)常数	k	$1.380662\times10^{-23}\,J\cdot K^{-1}$
理想气体摩尔体积	V_m	$22.41383\times10^{-3}\,m^3\cdot mol^{-1}$
电子的电荷	e	$1.6021892\times10^{-19}\,C$
原子质量单位	u	$1.6605655\times10^{-27}\,kg$
电子静止质量	m_e	$9.109534\times10^{-31}\,kg$
电子荷质比	e/m_e	$1.7588047\times10^{-11}\,C\cdot kg^{-2}$
法拉第常数	F	$9.648456\times10^{4}\,C\cdot mol^{-1}$
真空电容率	ε_0	$8.854187818\times10^{-12}\,F\cdot m^{-2}$
真空磁导率	μ_0	$12.5663706144\times10^{-7}\,H\cdot m^{-1}$
电子磁矩	μ_e	$9.284832\times10^{-24}\,J\cdot T^{-1}$
玻尔(Bohr)半径	α_0	$5.2917706\times10^{-11}\,m$
玻尔(Bohr)磁子	μ_B	$9.274078\times10^{-24}\,J\cdot T^{-1}$
普朗克(Planck)常量	h	$6.626176\times10^{-34}\,J\cdot s$
水银密度(标准状态下)	ρ	$13595.0\,kg\cdot m^{-3}$
标准大气压	P_0	101325Pa
干燥空气的密度(标准状态下)	$\rho_{空气}$	$1.293\,kg\cdot m^{-3}$
冰点的绝对温度(标准温标零度)	T_0	273.15K

附表 3　各种筛子的规格

筛号/目	孔径/mm	目/英寸	孔径/mm
4	5.10	90	0.160
5	4.00	100	0.147
6	3.22	110	0.14
8	2.50	120	0.125
10	2.00	130	0.12
12	1.60	150	0.104
14	1.43	160	0.088
16	1.24	170	0.080
18	1.00	180	0.077
20	0.95	200	0.074
24	0.8	230	0.062
26	0.71	250	0.061
28	0.63	260	0.056
30	0.6	270	0.053
32	0.58	300	0.050
35	0.5	325	0.043
38	0.47	360	0.040
40	0.45	400	0.038
45	0.4	500	0.025
50	0.355	600	0.023
55	0.315	800	0.018
* 60	0.280	1 000	0.013
65	0.25	1 340	0.010
70	0.224	2 000	0.006 5
75	0.200	5 000	0.002 6
80	0.175	8 000	0.001 6
85	0.18	10 000	0.001 3

附表 4 铂铑-铂热电偶热电势分度表

分度号:S(热电偶自由端为 0℃)

温度 ℃	0	1	2	3	4	5	6	7	8	9
	热电动势 /mV									
0	0	0.005	0.011	0.016	0.022	0.027	0.033	0.038	0.044	0.050
10	0.055	0.061	0.067	0.072	0.078	0.084	0.090	0.095	0.101	0.107
20	0.113	0.119	0.126	0.131	0.137	0.142	0.148	0.154	0.161	0.167
30	0.173	0.179	0.185	0.191	0.197	0.203	0.210	0.216	0.222	0.228
40	0.235	0.241	0.247	0.254	0.260	0.266	0.273	0.279	0.286	0.292
50	0.299	0.305	0.312	0.318	0.325	0.331	0.338	0.345	0.351	0.358
60	0.365	0.371	0.378	0.385	0.391	0.398	0.405	0.412	0.419	0.429
70	0.432	0.439	0.446	0.453	0.460	0.467	0.474	0.481	0.488	0.495
80	0.502	0.509	0.516	0.523	0.530	0.537	0.544	0.551	0.558	0.566
90	0.573	0.580	0.587	0.594	0.602	0.609	0.616	0.623	0.631	0.638
100	0.645	0.653	0.660	0.667	0.675	0.682	0.690	0.697	0.704	0.712
110	0.719	0.727	0.734	0.742	0.749	0.757	0.764	0.772	0.780	0.787
120	0.795	0.802	0.810	0.818	0.825	0.833	0.841	0.848	0.856	0.864
130	0.872	0.879	0.887	0.895	0.903	0.910	0.918	0.926	0.934	0.942
140	0.950	0.957	0.965	0.973	0.981	0.989	0.997	1.005	1.013	1.021
150	1.029	1.037	1.045	1.053	1.061	1.069	1.077	1.085	1.093	1.101
160	1.109	1.117	1.125	1.133	1.141	1.149	1.158	1.166	1.174	1.182
170	1.190	1.198	1.207	1.215	1.223	1.231	1.240	1.248	1.256	1.264
180	1.273	1.281	1.289	1.297	1.306	1.314	1.322	1.331	1.339	1.347
190	1.356	1.364	1.373	1.381	1.389	1.398	1.406	1.415	1.423	1.432
200	1.440	1.448	1.457	1.465	1.474	1.482	1.491	1.499	1.508	1.516
210	1.525	1.534	1.542	1.551	1.559	1.568	1.576	1.585	1.594	1.602
220	1.611	1.620	1.628	1.637	1.645	1.654	1.663	1.671	1.680	1.689
230	1.698	1.706	1.715	1.724	1.732	1.741	1.750	1.759	1.767	1.776
240	1.785	1.794	1.802	1.811	1.820	1.829	1.838	1.846	1.855	1.864
250	1.873	1.882	1.891	1.899	1.908	1.917	1.926	1.935	1.944	1.953
260	1.962	1.971	1.979	1.988	1.997	2.006	2.015	2.024	2.033	2.042
270	2.051	2.060	2.069	2.078	2.087	2.096	2.105	2.114	2.123	2.132
280	2.141	2.150	2.159	2.168	2.177	2.186	2.195	2.204	2.213	2.222
290	2.232	2.241	2.250	2.259	2.268	2.277	2.286	2.295	2.304	2.314

续表

温度 ℃	0	1	2	3	4	5	6	7	8	9
	热 电 动 势 /mV									
300	2.323	2.332	2.341	2.350	2.359	2.368	2.378	2.387	2.396	2.405
310	2.414	2.424	2.433	2.442	2.451	2.460	2.470	2.479	2.488	2.497
320	2.506	2.516	2.525	2.534	2.543	2.553	2.562	2.571	2.581	2.590
330	2.599	2.608	2.618	2.627	2.636	2.646	2.655	2.664	2.674	2.683
340	2.692	2.702	2.711	2.720	2.730	2.739	2.748	2.758	2.767	2.776
350	2.786	2.795	2.805	2.814	2.823	2.833	2.842	2.852	2.861	2.870
360	2.880	2.889	2.899	2.908	2.917	2.927	2.936	2.946	2.955	2.965
370	2.974	2.984	2.993	3.003	3.012	3.022	3.031	3.041	3.050	3.059
380	3.069	3.078	3.088	3.097	3.107	3.117	3.126	3.136	3.145	3.155
390	3.164	3.174	3.188	3.193	3.202	3.212	3.221	3.231	3.241	3.250
400	3.260	3.269	3.279	3.288	3.298	3.308	3.317	3.327	3.336	3.346
410	3.356	3.365	3.375	3.384	3.394	3.404	3.413	3.423	3.433	3.442
420	3.452	3.462	3.471	3.481	3.491	3.500	3.510	3.520	3.529	3.539
430	3.549	3.558	3.568	3.578	3.587	3.597	3.607	3.616	3.626	3.636
440	3.645	3.655	3.665	3.675	3.684	3.694	3.704	3.714	3.723	3.733
450	3.743	3.752	3.762	3.772	3.782	3.791	3.801	3.811	3.821	3.831
460	3.840	3.850	3.860	3.870	3.879	3.889	3.899	3.909	3.919	3.928
470	3.938	3.948	3.958	3.968	3.977	3.987	3.997	4.007	4.017	4.027
480	4.036	4.016	4.056	4.066	4.076	4.086	4.095	4.105	4.115	4.125
490	4.135	4.145	4.155	4.164	4.174	4.184	4.194	4.204	4.214	4.224
500	4.234	4.243	4.253	4.263	4.273	4.283	4.293	4.303	4.313	4.323
510	4.333	4.343	4.352	4.362	4.372	4.382	4.392	4.402	4.412	4.422
520	4.432	4.442	4.452	4.462	4.472	4.482	4.492	4.502	4.512	4.522
530	4.532	4.542	4.552	4.562	4.572	4.582	4.592	4.602	4.612	4.622
540	4.632	4.642	4.652	4.662	4.672	4.682	4.692	4.702	4.712	4.722
550	4.732	4.742	4.752	4.762	4.772	4.782	4.792	4.802	4.812	4.822
560	4.832	4.842	4.852	4.862	4.873	4.883	4.893	4.903	4.913	4.923
570	4.933	4.943	4.953	4.963	4.973	4.984	4.994	5.004	5.014	5.024
580	5.034	5.044	5.054	5.056	5.075	5.085	5.095	5.105	5.115	5.125
590	5.136	5.146	5.156	5.166	5.176	5.186	5.197	5.207	5.217	5.227

续表

温度 ℃	0	1	2	3	4	5	6	7	8	9
	热电动势 /mV									
600	5.237	5.247	5.258	5.268	5.278	5.288	5.298	5.309	5.319	5.329
610	5.339	5.350	5.360	5.370	5.380	5.391	5.401	5.411	5.421	5.431
620	5.442	5.452	5.462	5.473	5.483	5.493	5.503	5.514	5.524	5.534
630	5.544	5.555	5.565	5.575	5.586	5.596	5.606	5.617	5.627	5.637
640	5.648	5.658	5.668	5.679	5.689	5.700	5.710	5.720	5.731	5.741
650	5.751	5.762	5.772	5.782	5.793	5.803	5.814	5.824	5.834	5.845
660	5.855	5.866	5.876	5.887	5.897	5.907	5.918	5.928	5.939	5.949
670	5.960	5.970	5.980	5.991	6.001	6.012	6.022	6.033	6.043	6.054
680	6.064	6.075	6.085	6.096	6.106	6.117	6.127	6.138	6.148	6.159
690	6.169	6.180	6.190	6.201	6.211	6.222	6.232	6.243	6.253	6.264
700	6.274	6.285	6.295	6.306	6.316	6.327	6.338	6.348	6.359	6.369
710	6.380	6.390	6.401	6.412	6.422	6.433	6.443	6.454	6.465	6.475
720	6.486	6.496	6.507	6.518	6.528	6.539	6.549	6.560	6.571	6.581
730	6.592	6.603	6.613	6.624	6.635	6.645	6.656	6.667	6.677	6.688
740	6.699	6.709	6.720	6.731	6.741	6.752	6.763	6.773	6.784	6.795
750	6.805	6.816	6.827	6.838	6.848	6.859	6.870	6.880	6.891	6.902
760	6.913	6.923	6.934	6.945	6.956	6.966	6.977	6.988	6.999	7.009
770	7.020	7.031	7.042	7.053	7.063	7.074	7.085	7.096	7.107	7.117
780	7.128	7.139	7.150	7.161	7.171	7.182	7.193	7.204	7.215	7.225
790	7.236	7.247	7.258	7.269	7.280	7.291	7.301	7.312	7.323	7.334
800	7.345	7.356	7.367	7.377	7.388	7.399	7.410	7.421	7.432	7.443
810	7.454	7.465	7.476	7.486	4.497	7.508	7.519	7.530	7.541	7.552
820	7.563	7.574	7.585	7.596	7.607	7.618	7.629	7.640	7.651	7.661
830	7.672	7.683	7.694	7.705	7.716	7.727	7.738	7.749	7.760	7.771
840	7.782	7.793	7.804	7.815	7.826	7.837	7.848	7.859	7.870	7.881
850	7.892	7.904	7.915	7.926	7.937	7.948	7.959	7.970	7.981	7.992
860	8.003	8.014	8.025	8.036	8.047	8.058	8.069	8.081	8.092	8.103
870	8.114	8.125	8.136	8.147	8.158	8.169	8.180	8.192	8.203	8.214
880	8.225	8.236	8.247	8.258	8.270	8.281	8.292	8.303	8.314	8.325
890	8.336	8.348	8.359	8.370	8.381	8.392	8.404	8.415	8.426	8.437

续表

温度 ℃	0	1	2	3	4	5	6	7	8	9
	热电动势 /mV									
900	8.448	8.460	8.471	8.482	8.493	8.504	8.516	8.527	8.538	8.549
910	8.560	8.572	8.583	8.594	8.605	8.617	8.628	8.639	8.650	8.662
920	8.673	8.684	8.695	8.707	8.718	8.729	8.741	8.752	8.763	8.774
930	8.786	8.797	8.808	8.820	8.831	8.842	8.854	8.865	8.876	8.888
940	8.899	8.910	8.922	8.933	8.944	8.950	8.967	8.978	8.990	9.001
950	9.012	9.024	9.035	9.047	9.058	9.069	9.081	9.092	9.103	9.115
960	9.126	9.138	9.149	9.160	9.172	9.183	9.195	9.206	9.217	9.220
970	9.240	9.252	9.263	9.275	9.282	9.298	9.309	9.320	9.332	9.343
980	9.355	9.366	9.378	9.389	9.401	9.412	9.424	9.435	9.447	9.458
990	9.470	9.481	9.493	9.504	9.516	9.257	9.539	9.550	9.562	9.573
1000	9.585	9.596	9.608	9.619	9.631	9.642	9.654	9.665	9.677	9.689
1010	9.700	9.712	9.723	9.735	9.746	9.758	9.770	9.781	9.793	9.804
1020	9.816	9.828	9.839	9.851	9.862	9.874	9.886	9.897	9.909	9.920
1030	9.932	9.944	9.955	9.967	9.979	9.990	10.002	10.013	10.025	10.037
1040	10.408	10.060	10.072	10.083	10.095	10.107	10.118	10.130	10.142	10.154
1050	10.165	10.177	10.189	10.200	10.212	10.224	10.235	10.247	10.259	10.271
1060	10.282	10.294	10.306	10.318	10.329	10.341	10.353	10.364	10.386	10.388
1070	10.400	10.411	10.423	10.435	10.447	10.459	10.470	10.482	10.494	10.506
1080	10.517	10.529	10.541	10.533	10.565	10.576	10.588	10.600	10.612	10.624
1090	10.635	10.647	10.659	10.671	10.683	10.694	10.706	10.718	10.730	10.742
1100	10.754	10.765	10.777	10.789	10.081	10.813	10.825	10.386	10.848	10.860
1110	10.872	10.884	10.896	10.908	10.919	10.931	10.943	10.955	10.967	10.979
1120	10.991	11.003	11.014	11.026	11.038	11.050	11.062	11.074	11.086	11.098
1130	11.110	11.121	11.133	11.145	11.157	11.169	11.181	11.193	11.025	11.217
1140	11.229	11.241	11.252	11.264	11.276	11.288	11.300	11.312	11.324	11.336
1150	11.348	11.360	11.372	11.384	11.396	11.408	11.420	11.432	11.433	11.455
1160	11.467	11.479	11.401	11.503	11.515	11.527	11.539	11.551	11.563	11.575
1170	11.587	11.580	11.611	11.623	11.635	11.647	11.659	11.671	11.683	11.695
1180	11.707	11.719	11.731	11.743	11.755	11.767	11.779	11.791	11.803	11.815
1190	11.827	11.839	11.851	11.863	11.875	11.887	11.899	11.911	11.923	11.935

续 表

温度 ℃	0	1	2	3	4	5	6	7	8	9
	热电动势 /mV									
1200	11.974	11.959	11.971	11.983	11.995	12.007	12.019	12.031	12.043	12.055
1210	12.067	12.079	12.091	12.103	12.116	12.128	12.140	12.152	12.164	12.176
1220	12.188	12.200	12.212	12.224	12.236	12.248	12.260	12.272	12.284	12.296
1230	12.308	12.320	12.322	12.345	12.357	12.369	12.381	12.393	12.405	12.417
1240	12.429	12.441	12.453	12.465	12.477	12.489	12.501	12.514	12.526	12.538
1250	12.550	12.562	12.574	12.586	12.958	12.610	12.622	12.634	12.647	12.659
1260	12.671	12.683	12.695	12.707	12.719	10.731	12.743	12.755	12.767	12.780
1270	12.792	12.804	12.816	12.828	12.840	12.852	12.864	12.876	12.888	12.901
1280	12.925	12.925	12.937	12.949	12.961	12.973	12.985	12.997	13.010	13.022
1290	13.034	12.046	13.058	13.070	13.082	13.094	13.107	13.119	13.131	13.143
1300	13.155	13.167	13.179	13.191	13.203	13.216	13.228	13.240	13.252	13.264
1310	13.276	13.288	13.300	13.313	13.325	13.337	13.349	13.361	13.373	13.385
1320	13.397	13.410	13.422	13.434	13.446	13.458	13.470	13.482	13.495	13.507
1330	13.519	13.531	13.543	13.555	13.567	13.579	13.592	13.604	13.616	13.628
1340	13.640	13.652	13.664	13.677	13.689	13.701	13.713	13.725	13.737	13.749
1350	13.761	13.774	13.786	13.798	13.810	13.822	13.834	13.846	13.859	13.871
1360	13.888	13.895	13.907	13.919	13.931	13.942	13.956	13.968	13.980	13.992
1370	14.004	14.016	14.028	14.040	14.053	14.065	14.077	14.089	14.101	14.113
1380	14.125	14.138	14.150	14.162	14.174	14.186	14.198	14.210	14.222	14.235
1390	14.259	14.259	14.271	14.283	14.295	14.319	14.319	14.332	14.344	14.356
1400	14.368	14.380	14.392	14.404	14.416	14.429	14.441	14.453	14.465	14.477
1410	14.489	14.501	14.513	14.526	14.538	14.550	14.562	14.574	14.586	14.598
1420	14.610	14.622	14.635	14.647	14.659	14.671	14.683	14.695	14.707	14.719
1430	14.731	14.744	14.756	14.768	14.780	14.792	14.804	14.816	14.828	14.840
1440	14.852	14.866	14.877	14.889	14.901	14.913	14.925	14.937	14.949	14.961
1450	14.973	14.985	14.998	15.010	15.022	15.034	15.046	15.058	15.070	15.082
1460	15.094	15.106	15.118	15.130	15.143	15.155	15.167	15.179	15.191	15.203
1470	15.215	15.227	15.239	15.251	15.263	15.275	15.287	15.299	15.311	15.324
1480	15.336	15.348	15.360	15.372	15.334	15.396	15.408	15.440	15.432	15.444
1490	15.456	15.468	15.480	15.492	15.504	15.516	15.528	15.540	15.552	15.564

续表

温度 ℃	0	1	2	3	4	5	6	7	8	9
	热 电 动 势 /mV									
1500	15.576	15.589	15.601	15.613	15.625	15.637	15.649	15.661	15.673	15.685
1510	15.697	15.709	15.721	15.733	15.745	15.757	15.769	15.781	15.793	15.805
1520	15.817	15.829	15.841	15.853	15.865	15.877	15.889	15.901	15.913	15.925
1530	15.937	15.949	15.961	15.973	15.985	15.997	16.009	16.021	16.033	16.045
1540	16.057	16.069	16.080	16.092	16.104	16.116	16.128	16.140	16.152	16.164
1550	16.176	16.188	16.200	16.212	16.224	16.236	16.248	16.260	16.272	16.284
1560	16.296	16.308	16.319	16.881	16.843	16.355	16.367	16.379	16.391	16.403
1570	16.415	16.427	16.439	16.451	16.462	16.474	16.486	16.498	16.510	16.522
1580	16.534	16.546	16.558	16.569	16.551	16.593	16.605	16.617	16.626	16.641
1590	16.653	16.664	16.676	16.688	16.700	16.712	16.724	16.736	16.747	16.759
1600	16.771	16.783	16.795	16.807	16.819	16.830	16.842	16.854	16.866	16.878

附录 5　镍铬—镍铝(硅)热电偶热电势分度表

分度号:K(热电偶自由端为 0℃)

温度 ℃	0	1	2	3	4	5	6	7	8	9
	热 电 动 势 /mV									
0	0.000	0.039	0.079	0.119	0.158	0.198	0.238	0.277	0.317	0.357
10	0.397	0.437	0.477	0.517	0.557	0.597	0.637	0.677	0.718	0.758
20	0.798	0.838	0.879	0.919	0.960	1.000	1.041	1.081	1.122	1.162
30	1.203	1.244	1.285	1.325	1.366	1.407	1.448	1.489	1.529	1.570
40	1.611	1.652	1.693	1.734	1.776	1.817	1.858	1.899	1.949	1.981
50	2.022	2.064	2.105	2.146	2.188	2.229	2.270	2.312	2.353	2.394
60	2.436	2.477	2.519	2.560	2.601	2.643	2.684	2.726	2.767	2.809
70	2.850	2.892	2.933	2.975	2.061	3.058	3.100	3.141	3.183	3.224
80	3.266	3.307	3.349	3.390	3.432	3.473	3.515	3.556	3.598	3.639
90	3.681	3.722	3.764	3.805	3.847	3.888	3.930	3.971	4.012	4.054
100	4.095	4.137	4.178	4.219	4.261	4.302	4.343	4.384	4.426	4.467
110	4.508	4.549	4.590	4.632	4.673	4.714	4.755	4.796	4.837	4.878
120	4.919	4.960	5.001	5.042	5.083	5.124	5.164	5.205	5.246	5.287
130	5.327	5.368	5.409	5.450	5.490	5.531	5.571	5.612	5.652	5.693
140	5.733	5.774	5.814	5.855	5.895	5.936	5.976	6.016	6.057	6.097

续 表

温度 ℃	0	1	2	3	4	5	6	7	8	9
	热电动势 /mV									
150	6.137	6.177	6.218	6.258	6.298	6.338	6.378	6.419	6.459	6.499
160	6.539	6.579	6.619	6.659	6.699	6.739	6.779	6.819	6.859	6.899
170	6.939	6.979	7.019	7.059	7.099	7.139	7.179	7.219	5.259	7.299
180	7.338	6.378	7.418	7.458	7.498	7.538	7.578	7.618	7.658	7.697
190	7.737	7.777	7.817	7.857	7.897	7.937	7.977	8.017	8.057	8.097
200	8.137	8.177	8.216	8.256	8.296	8.336	8.376	8.416	8.456	8.497
210	8.537	8.577	8.617	8.657	8.697	8.737	8.777	8.817	8.897	8.898
220	8.938	8.978	9.018	9.058	9.099	9.139	9.179	9.220	9.260	9.300
230	9.941	9.381	9.421	9.462	9.502	9.543	9.583	9.624	9.664	9.705
240	9.745	9.786	9.826	9.867	9.907	9.948	9.989	10.029	10.070	10.111
250	10.151	10.192	10.233	10.274	10.315	10.355	10.396	10.437	10.478	10.519
260	10.560	10.600	10.641	10.682	10.723	10.764	10.805	10.846	10.887	10.928
270	10.960	11.010	11.051	11.093	11.134	11.175	11.216	11.257	11.298	11.339
280	11.380	11.422	11.463	11.504	11.546	11.587	11.628	11.699	11.711	11.752
290	11.793	11.835	11.876	11.918	11.959	12.000	12.042	12.083	12.125	12.166
300	12.207	12.249	12.290	12.332	12.373	12.415	12.456	12.498	12.539	12.581
310	12.623	12.664	12.706	12.747	12.789	12.831	12.872	12.914	12.955	12.997
320	13.039	13.060	13.122	13.164	13.205	13.247	13.289	13.331	13.372	13.414
330	13.456	13.497	13.539	13.581	13.623	13.665	13.706	13.748	13.790	13.832
340	13.874	13.915	13.957	13.999	14.041	14.083	14.125	14.167	14.208	14.250
350	14.292	14.334	14.376	14.416	14.460	14.502	14.544	14.586	14.628	14.670
360	14.712	14.754	14.796	14.838	14.880	14.922	14.964	15.006	15.048	15.090
370	15.132	15.174	15.216	15.258	15.300	15.342	15.384	15.426	15.468	15.510
380	15.552	15.594	15.636	15.679	15.721	15.763	15.805	15.847	15.889	15.931
390	15.974	16.016	16.058	16.100	16.142	16.184	16.227	16.269	16.311	16.353
400	16.395	16.438	16.480	16.522	16.564	16.607	16.649	16.691	16.733	16.776
410	16.818	16.360	16.902	16.945	16.987	17.029	17.072	17.114	17.156	17.199
420	17.241	17.233	17.326	17.368	17.410	17.453	17.495	17.537	17.580	17.622
430	17.664	17.707	17.749	17.792	17.834	17.876	17.919	17.961	18.004	18.046
440	18.088	18.131	18.173	18.216	18.258	18.301	18.343	18.385	18.428	18.470

续表

温度 ℃	0	1	2	3	4	5	6	7	8	9
	热电动势 /mV									
450	18.513	18.555	18.598	18.640	18.683	18.725	18.768	18.810	18.853	18.895
460	18.938	18.980	19.023	19.068	19.108	19.150	19.193	19.235	19.278	19.320
470	19.363	19.405	19.488	19.490	19.533	19.576	19.618	19.661	19.703	19.746
480	19.788	19.831	19.873	19.916	19.959	20.001	20.044	20.086	20.129	20.172
490	20.214	20.257	20.299	20.342	20.385	20.427	20.470	20.512	20.555	20.598
500	20.640	20.683	20.725	20.768	20.811	20.853	20.896	20.938	20.981	21.024
510	21.066	21.109	21.152	21.194	21.237	21.280	21.322	21.365	21.407	21.450
520	21.493	21.535	21.578	21.621	21.633	21.706	21.749	21.791	21.834	21.876
530	21.919	21.962	22.004	22.047	22.090	22.132	22.175	22.218	22.260	22.303
540	22.346	22.388	22.431	22.473	22.516	22.559	22.601	22.644	22.687	22.729
550	22.722	22.815	22.857	22.900	22.942	22.985	23.028	23.070	23.113	23.156
560	23.198	23.241	23.284	23.326	23.369	23.411	23.454	23.497	23.539	23.582
570	23.642	23.667	23.710	23.752	23.795	23.837	23.880	23.923	23.965	24.008
580	24.050	14.093	24.136	24.178	24.221	24.263	24.306	24.348	24.391	24.434
590	24.476	24.519	24.561	24.604	24.646	24.689	24.731	24.774	24.817	24.859
600	24.902	24.944	24.987	25.029	25.072	25.114	25.157	25.199	25.242	25.284
610	25.327	25.369	25.412	25.454	25.490	25.539	25.582	25.624	25.666	25.709
620	25.751	25.794	25.836	25.879	25.921	25.984	26.006	26.048	26.091	26.133
630	66.176	26.218	26.260	26.303	26.345	26.387	26.430	26.472	26.515	26.557
640	26.599	26.642	26.684	26.726	26.769	26.811	26.853	26.896	26.938	26.980
650	27.022	27.065	27.107	27.149	27.192	27.234	27.276	27.318	27.361	27.403
660	27.455	27.487	27.529	27.572	27.614	27.656	27.698	27.740	27.783	27.825
670	27.867	27.909	27.951	27.993	28.035	28.078	28.120	28.162	28.204	28.246
680	28.288	28.330	28.372	28.414	28.456	28.498	28.540	28.583	28.625	28.667
690	28.709	28.751	28.793	28.835	28.887	28.919	28.961	29.002	29.044	29.086
700	29.128	29.170	29.212	29.254	29.296	29.338	29.380	29.422	29.464	29.505
710	29.547	29.589	29.631	29.673	29.715	29.756	29.798	29.840	29.882	29.924
720	29.965	30.007	30.049	30.091	30.132	30.174	30.216	30.257	30.299	30.341
730	30.383	30.424	30.466	30.508	30.549	30.591	30.632	30.674	30.716	30.757
740	30.799	30.840	30.882	30.924	30.965	31.007	31.048	31.090	31.131	31.173

续表

温度 ℃	0	1	2	3	4	5	6	7	8	9
	热电动势 /mV									
750	31.214	31.256	31.297	31.339	31.380	31.422	31.463	31.504	31.546	31.587
760	31.629	31.670	31.712	31.753	31.794	31.836	31.877	31.918	31.960	32.001
770	32.042	32.084	32.125	32.166	32.207	32.249	32.290	32.331	32.372	32.414
780	32.455	32.496	32.537	32.578	32.619	32.661	32.702	32.743	32.784	32.825
790	32.866	32.907	32.948	32.900	33.031	33.072	33.133	33.154	33.195	33.236
800	33.277	33.318	33.359	33.400	33.441	33.482	33.523	33.564	33.604	33.645
810	33.686	33.727	33.768	33.809	33.850	33.891	33.931	33.972	34.013	34.054
820	34.095	34.136	34.176	34.217	34.258	34.299	34.339	34.380	34.421	34.461
830	34.502	34.543	34.583	34.624	34.655	34.705	34.746	34.787	34.827	34.868
840	34.909	34.949	34.990	35.030	35.071	35.111	15.152	35.192	35.233	35.273
850	35.314	35.354	35.395	35.435	35.476	35.516	35.557	35.597	35.637	35.678
860	35.718	35.758	35.798	35.839	35.880	35.920	35.960	36.000	36.041	36.081
870	36.121	36.162	36.202	36.242	36.282	36.323	36.363	36.403	36.443	36.483
880	36.524	36.564	36.604	36.644	36.684	36.724	36.764	36.804	36.844	36.885
890	36.925	36.965	37.005	37.045	37.085	37.125	36.165	37.205	37.245	37.285
900	37.325	37.365	37.405	37.445	37.484	37.524	37.564	37.604	37.644	37.684
910	37.724	37.764	37.803	37.843	37.883	37.923	37.963	38.002	38.042	38.082
920	38.122	38.162	38.201	38.241	38.281	38.320	38.360	38.400	38.439	38.497
930	38.519	38.558	38.598	38.638	38.677	38.717	38.756	38.796	38.836	38.875
940	38.915	38.954	38.994	39.033	39.073	39.112	39.152	39.191	39.231	39.270
950	39.310	39.349	39.388	39.428	39.467	39.507	39.546	39.585	39.625	39.664
960	39.703	39.743	39.782	39.821	39.861	39.900	39.939	39.979	40.018	40.057
970	40.096	40.136	40.175	40.214	40.253	40.292	40.332	40.371	40.410	40.449
980	40.488	40.527	40.566	40.605	40.645	40.684	40.723	40.762	40.801	40.840
990	40.897	40.918	40.957	40.996	41.035	41.074	41.113	41.152	41.191	41.230
1000	41.264	41.308	41.347	41.385	41.424	41.463	41.502	41.541	41.580	41.619
1010	41.657	41.696	41.735	41.774	41.813	41.851	41.890	41.929	41.968	42.006
1020	42.045	42.084	42.123	42.161	42.200	42.239	42.277	42.316	42.355	42.393
1030	42.432	42.470	42.509	42.548	42.586	42.625	42.663	42.702	42.740	42.779
1040	42.817	42.856	42.894	42.933	42.971	43.010	43.048	43.087	43.125	43.164

续表

温度 ℃	0	1	2	3	4	5	6	7	8	9
	热　电　动　势　/mV									
1050	43.202	43.240	43.279	43.317	43.356	43.394	43.432	43.471	43.509	43.547
1060	43.585	43.624	43.662	43.700	43.739	43.777	43.815	43.853	43.891	43.630
1070	43.968	44.006	44.044	44.082	44.121	44.159	44.197	44.235	44.273	44.311
1080	44.349	44.387	44.425	44.463	44.501	44.539	44.577	44.165	44.653	44.691
1090	44.729	44.767	44.805	44.843	44.881	44.919	44.957	44.995	45.033	45.070
1100	45.108	45.146	45.184	45.222	45.260	45.297	45.335	45.373	45.411	45.448
1110	45.486	45.524	45.561	45.599	45.637	45.675	45.712	45.750	45.787	45.825
1120	45.863	45.900	45.933	45.975	46.013	46.051	46.088	46.126	46.163	46.201
1130	46.238	46.275	46.313	46.350	46.388	46.425	46.463	46.500	46.537	46.575
1140	46.612	46.649	46.687	46.724	46.761	46.799	46.836	46.873	46.910	46.948
1150	46.985	47.022	47.059	47.096	47.134	47.171	47.208	47.245	47.282	47.319
1160	47.356	47.393	47.430	47.468	47.505	47.542	47.579	47.616	47.653	47.686
1170	47.726	47.763	47.800	47.837	47.874	47.911	47.948	47.985	48.201	48.058
1180	48.095	48.132	48.169	48.205	48.242	48.279	48.316	48.352	48.389	48.426
1190	48.462	48.499	48.536	48.572	48.609	48.645	48.682	48.718	48.755	48.792
1200	48.328	48.865	48.901	48.937	48.974	49.010	49.047	49.083	49.120	49.156
1210	49.192	49.229	49.265	49.301	49.338	49.374	49.410	49.446	49.483	49.519
1220	49.555	49.591	49.627	49.663	49.700	49.376	49.772	49.808	49.814	49.880
1230	49.916	49.952	49.988	50.024	50.060	50.096	50.132	50.168	50.204	50.240
1240	50.276	50.311	50.347	50.389	50.419	50.455	50.491	50.526	50.562	50.598
1250	50.633	50.669	50.705	50.741	50.776	50.812	50.847	50.883	50.919	50.594
1260	50.990	51.025	51.061	51.096	51.132	51.167	51.203	51.238	51.274	51.309
1270	51.344	51.380	51.415	51.450	51.486	51.521	51.556	51.592	51.627	51.662
1280	51.697	51.733	51.768	51.803	51.838	51.873	51.908	51.943	51.979	52.011
1290	52.049	52.084	52.119	52.154	52.189	52.224	52.259	52.294	52.329	52.364
1300	52.398	52.433	52.468	52.503	52.538	52.573	52.608	52.642	52.677	52.712

附表 6　铜-康铜热电偶热电势分度表

分度号：T(热电偶自由端为 0℃)

温度	0	1	2	3	4	5	6	7	8	9
℃	热 电 动 势　/mV									
−40	−1.475	−1.510	−1.544	−1.579	−1.614	−1.648	−1.682	−1.717	−1.751	−1.785
−30	−1.121	−1.157	−1.192	−1.228	−1.263	−1.299	−1.334	−1.370	−1.405	−1.440
−20	−0.757	−0.794	−0.830	−0.867	−0.903	−0.904	−0.976	−1.013	−1.049	−1.085
−10	−0.383	−0.421	−0.458	−0.495	−0.534	−0.571	−0.602	−0.646	−0.683	−0.720
0−	−0.000	−0.039	−0.077	−0.116	−0.154	−0.193	−0.231	−0.269	−0.307	−0.345
0+	0.000	0.039	0.078	0.117	0.156	0.195	0.234	0.273	0.312	0.351
10	0.391	0.430	0.470	0.510	0.549	0.589	0.629	0.669	0.709	0.749
20	0.789	0.830	0.870	0.911	0.951	0.992	1.032	1.073	1.114	1.155
30	1.196	1.237	1.279	1.320	1.361	1.403	1.444	1.486	1.528	1.569
40	1.611	1.653	1.695	1.738	1.780	1.822	1.865	1.907	1.950	1.992
50	2.035	2.078	2.121	2.164	2.207	2.250	2.294	2.337	2.380	2.424
60	2.467	2.511	2.555	2.599	2.643	2.687	2.731	2.775	2.819	2.864
70	2.908	2.953	2.997	3.042	3.087	3.131	3.176	3.221	3.266	3.312
80	3.357	3.402	3.447	3.493	3.538	3.584	3.630	3.676	3.721	3.767
90	3.813	3.859	3.906	3.952	3.998	4.044	4.091	4.137	4.184	4..231
100	4.277	4.324	4.371	4.418	4.465	4.512	4.559	4.607	4.654	4.701
110	4.749	4.796	4.844	4.891	4.939	4.987	5.035	5.083	5.131	5.179
120	5.227	5.275	5.324	5.372	5.420	5.469	5.517	5.566	5.615	5.663
130	5.712	5.761	5.810	5.859	5.908	5.957	6.007	6.056	6.105	6.155
140	6.204	6.254	6.303	6.353	6.403	6.452	6.502	6.552	6.602	6.652
150	6.702	6.753	6.803	6.853	6.903	6.954	7.004	7.055	7.106	7.150
160	7.207	7.258	7.309	7.360	7.411	7.462	7.513	7.564	7.615	7.660
170	7.718	7.769	7.821	7.872	7.924	7.975	8.027	8.079	8.131	8.183
180	8.235	8.287	8.339	8.391	8.443	8.495	8.548	8.600	8.652	8.705
190	8.757	8.810	8.863	8.915	8.968	9.021	9.074	9.127	9.180	9.233
200	9.286	9.339	9.392	9.446	9.499	9.553	9.606	9.659	9.713	9.767
210	9.820	9.874	9.928	9.982	10.036	10.090	10.144	10.198	10.252	10.306
220	10.360	10.414	10.469	10.523	10.578	10.632	10.687	10.741	10.796	10.851
230	10.905	10.960	11.015	11.070	11.128	11.180	11.235	11.290	11.345	11.401
240	11.456	11.511	11.566	11.622	11.677	11.733	11.788	11.844	11.900	11.956

附表 7　部分材料的密度、导热系数和比热容

材料名称	温度 t ℃	密度 ρ kg /m^3	导热系数 λ J/(m·s·K)	比热容 c kJ /(kg·K)
钢(0.5% C)	20	7 833	54	0.465
钢(1.5%C)	20	7 753	36	0.486
铸钢	20	7 830	50.7	0.469
镍铬钢(18%Cr,8%Ni)	20	7 817	16.3	0.46
铸铁(0.4%C)	20	7 272	52	0.420
纯铜	20	8 954	398	0.384
黄铜(30%Zn)	20	8 522	109	0.385
青铜(25%Sn)	20	8 666	26	0.343
康铜(40%Ni)	20	8 922	22	0.410
纯铝	27	2 702	237	0.903
铸铝(4.5%Cu)	27	2 790	168	0.883
硬铝(4.5%Cu,1.5%Mg,0.6%Mn)	27	2 770	177	0.875
硅	27	2 330	148	0.712
金	20	19 320	315	0.129
银(99.9%)	20	10 524	411	0.236
泡沫混凝土(Ⅰ)	20	232	0.077	0.88
泡沫混凝土(Ⅱ)	20	627	0.29	1.59
钢筋混凝土	20	2 400	1.54	0.84
碎石混凝土	20	2 344	1.84	0.75
普通黏土砖	20	1 800	0.81	1.88
红黏土砖	20	1 668	0.43	0.75
铬砖	900	3 000	1.99	0.84
耐火黏土砖	800	2 000	1.07	0.96
水泥砂浆	20	1 800	0.93	0.84

续 表

材料名称	温度 t ℃	密度 ρ kg /m³	导热系数 λ J/(m·s·K)	比热容 c kJ /(kg·K)
石灰砂浆	20	1 600	0.81	0.84
黄土	20	880	0.94	1.17
菱苦土	20	1 374	0.63	1.38
砂土	12	1 420	0.59	1.51
黏土	9.4	1 850	1.41	1.84
微孔硅酸钙	50	182	0.049	0.867
次超轻微孔硅酸钙	25	158	0.046 5	
岩棉板	50	118	0.035 5	0.787
珍珠岩粉料	20	44	0.042	1.59
珍珠岩粉料	20	288	0.078	1.17
水玻璃珍珠岩制品	20	200	0.058	0.92
防水珍珠岩制品	25	299	0.063 9	
水泥珍珠岩制品	20	1 023	0.35	1.38
玻璃棉	20	100	0.058	0.75
石棉水泥板	20	300	0.093	0.34
石膏板	20	1 100	0.41	0.84
有机玻璃	20	1 188	0.20	
玻璃钢	20	1 780	0.50	

附表8　某些材料在法线方向上的黑度

材料名称	t/℃	ε	材料名称	t/℃	ε
表面磨光的铝	20～50	0.06～0.07	不透明石英	300～835	0.92～0.68
商用铝皮	100	0.090	耐火黏土砖	20	0.85
在600℃氧化后的铝	200～600	0.11～0.19	耐火黏土砖	1 000	0.75
磨光的黄铜	38～115	0.10	耐火黏土砖	1 200	0.59
无光泽发暗的黄铜	20～350	0.22	硅　砖	1 000	0.66
在600℃氧化后的黄铜	200～600	0.59～0.61	耐火刚玉砖	1 000	0.46
磨光的铜	20	0.03	镁　砖	1 000～1 300	0.38

续表

材料名称	t/℃	ε	材料名称	t/℃	ε
氧化后变黑的铜	50	0.88	表面粗糙的红砖	20	0.88～0.93
粗糙磨光的铁	100	0.17	抹灰的砖体	20	0.94
磨光过的铸铁	200	0.21	硅　粉		0.3
车削过的铸铁	800～1 025	0.60～0.70	硅藻土粉		0.25
没有加工的铸铁	900～1 100	0.87～0.95	高岭土粉		0.3
镀锌发亮的铁皮	30	0.23	水玻璃	20	0.96
商用涂锌铁皮	100	0.07	水	0	0.97
生锈的铁	20	0.61～0.85	雪	0	0.8
磨光的钢	100	0.066	磨光浅色大理石	20	0.93
轧制的钢板	50	0.56	砂子		0.60
磨光的不锈钢	100	0.074	硬橡皮	20	0.95
合金钢(18Cr-8Ni)	500	0.35	煤	100～600	0.81～0.79
生锈的钢	20	0.69	焦　油		0.79～0.84
镀锌钢板	20	0.28	石　油		0.8
镀镍钢板	20	0.11	玻　璃	20～100	0.94～0.91
氧化后的镍铬丝	50～500	0.95～0.98	玻　璃	250～1 000	0.87～0.72
铂	1 000～1 500	0.14～0.18	玻　璃	1 100～1 500	
银	20	0.02	不透明玻璃	20	0.96
石棉布		0.78	含铅的耐热玻璃	260～540	0.95～0.85
石棉纸板	20	0.96	上釉陶瓷	20	0.92
石棉粉		0.4～0.6	白色发亮的陶瓷		0.70～0.75
石棉水泥板	20	0.96	水　泥		0.54
水(厚度>0.1mm)	50	0.95	水泥板	1 000	0.63
石　膏	20	0.8～0.9	在铁表面上的白色搪瓷	20	0.90
焙烧过的黏土	70	0.91	锅炉炉渣	0～100	0.97～0.93
磨光木料	20	0.5～0.7	锅炉炉渣	200～500	0.89～0.78
石　灰		0.3～0.4	锅炉炉渣	600～1 200	0.78～0.76
磨光的熔融石英	20	0.93	锅炉炉渣	1 400～1 800	0.69～0.67

参考文献

[1] 胡志强. 无机材料科学基础教程. 北京:化学工业出版社,2004.
[2] 徐德龙,谢峻林. 材料工程基础. 武汉:武汉理工大学出版社,2008.
[3] 伍洪标. 无机非金属材料实验. 北京:化学工业出版社,2002.
[4] 黄新友. 无机非金属材料专业综合实验与课程实验. 北京:化学工业出版社,2008.
[5] 周永强,吴泽,孙国忠,等. 无机非金属材料专业实验. 哈尔滨:哈尔滨工业大学出版社,2002.
[6] 刘新年,赵彦钊. 玻璃工艺综合实验. 北京:化学工业出版社,2005.
[7] 伍钦,邹华生,高桂田. 化工原理实验. 广州:华南理工大学出版社,2004.
[8] 陈寅生. 化工原理实验及仿真. 上海:东华大学出版社,2008.
[9] 朱明. 硅酸盐工业热工基础实验. 武汉:武汉理工大学出版社,1996.
[10] 孙晋涛. 硅酸盐工业热工基础. 武汉:武汉理工大学出版社,1992.
[11] 冯晓云,董树庭,袁华. 材料工程基础. 北京:化学工业出版社,2007.
[12] 崔惠玲. 物理化学及硅酸盐物理化学实验. 武汉:武汉理工大学出版社,1991.
[13] 方亭亭. 硅酸盐岩相学实验. 武汉:武汉理工大学出版社,1995.
[14] 曲远方. 无机非金属材料专业实验. 天津:天津大学出版社,2003.
[15] 施惠生. 无机材料专业实验. 上海:同济大学出版社,2003.
[16] 费业泰. 误差理论与数据处理. 北京:机械工业出版社,2005.
[17] 钱政,王中宇. 测试误差分析与数据处理. 北京:北京航空航天大学出版社,2008.
[18] 高迅,刘翠蓉. 工程流体力学实验. 成都:西南交通大学出版社,2004.